Ulrike Scheuermann

Wer reden kann, macht Eindruck – wer schreiben kann, macht Karriere

Das Schreibfitnessprogramm für mehr Erfolg im Job

Bibliografische Information der Deutschen Bibliothek

Die Deutsche Bibliothek verzeichnet diese Publikation in der Deutschen National-
bibliografie; detaillierte bibliografische Daten sind im Internet über http://dnb.ddb.de
abrufbar.

ISBN 978-3-7093-0240-8

Satz: Hannes Strobl, Satz·Grafik·Design, 2620 Neunkirchen
© LINDE VERLAG WIEN Ges.m.b.H., Wien 2009
1210 Wien, Scheydgasse 24, Tel.: +43/1/246 30
www.lindeverlag.de
www.lindeverlag.at
Druck: Hans Jentzsch & Co. GmbH., 1210 Wien, Scheydgasse 31

Inhalt

Vorwort 7

Schreib dich nach oben! 9

**1. Teil: Die zehn Problemzonen des Schreibens
im Job** 17

1. „Wie, Stichpunkte reichen nicht?"
Was Sie gegen die Verpowerpointisierung des Schreibens
tun können 19

2. „Schreiben vermeide ich, wo es geht"
Wie Sie einsteigen und dranbleiben 33

3. „Wie soll ich bei dem Stress auch noch schreiben?"
Wie Sie sich motivieren und konzentrieren 45

4. „Mein Chef will den Supertext, und zwar sofort"
Wie Sie unter Druck effektiv schreiben 57

5. „Ich schreib einfach drauflos ..."
Wie Sie mit Struktur und rotem Faden schreiben 67

6. „Ich flicke einfach eine Präsentation zusammen"
Wie Schreiben beim Präsentieren hilft 79

7. „Was ich auch noch schreiben wollte"
Wie Sie sich kurzfassen............................. 89

8. „Meine E Mails liest eh keiner"
Wie Sie prägnant und für den Leser schreiben 97

9. „Ich kann mich nicht gut ausdrücken"
Wie Sie einen guten Schreibstil entwickeln 109

10. „Mir fällt nichts ein"
Wie jeder beeindruckende Textideen haben kann 119

2. Teil: Ihr Trainingsprogramm für mehr Schreibfitness 131

1. Trainingseinheit: Fitness-Check
Wie schreibfit sind Sie?. 133

2. Trainingseinheit: Schreibausrüstung
Von Aqua minerale bis Zeitstoppuhr: Was Sie für gutes
Schreiben brauchen. 143

3. Trainingseinheit: Aufwärmen
Wie Sie Ihr Schreibhirn lockern und sich in Stimmung bringen 155

4. Trainingseinheit: Schreibsprints
Wie Sie Ihrem Denken auf die Sprünge helfen. 165

5. Trainingseinheit: Schreibmuskelaufbau
Wie Sie für fundierte Texte trainieren. 177

6. Trainingseinheit: Aufschieberitis-Spezialprogramm
Wie aus Schreibfrust Schreiblust wird 187

7. Trainingseinheit: Zirkeltraining
Wie Sie Strukturen planen und übersichtliche Texte aufbauen 197

8. Trainingseinheit: Schreibausdauertraining
Wie Sie Rohtexte flüssig voranschreiben. 207

9. Trainingseinheit: Dehnungsprogramm
Wie sinnvolle Pausen Texte besser machen 217

10. Trainingseinheit: Schreibendspurt
Wie Sie Ihren Text klug überarbeiten und erkennen,
wann er fertig ist 231

Ihr persönlicher Schreibtrainingsplan
So trainieren Sie individuell 241

Schlusswort: Schreiben ist Gold 253

Dank 257

Literaturempfehlungen 259

Über die Autorin 262

Vorwort

Ein Buch über das Schreiben schreiben: Was für eine fantastische Chance, zehn Jahre Erfahrung als Schreibcoach in Wirtschaft, Non-Profit und Wissenschaft Lesern[*] zu vermitteln, die besser schreiben möchten und das Schreiben zugleich als Karrieremotor nutzen wollen.

So dachte ich anfangs. Und hatte bereits so eine Ahnung, dass es mehr bedeuten würde als das. Und schon ging es damit los, dass ich die unterschiedlichsten Gefühle durchleben musste, die zum Schreibprozess dazugehören: Da hatte ich mir nun Tage fürs Schreiben freigekämpft – und plötzlich eröffneten sich interessante Nebenschauplätze, mit denen ich beschäftigt war anstatt zu schreiben. Beim Rohtexten war ich oft unsicher und angestrengt. Später wurde ich empfindlich wie eine Mimose: Bei gutem Textfeedback schwebte ich durch den Tag, kritisches Feedback ließ mich morgens um vier Uhr aus dem Bett springen und den Laptop einschalten. Dann wieder entdeckte ich an mir plötzlich Anwandlungen, streng, ja pingelig zu werden – passend zur Überarbeitungsphase. Bis zuletzt blieb die Sorge, wie meine handgezeichneten Abbildungen schließlich im Buch aussehen würden. Und so weiter.

Über das Schreiben zu schreiben bedeutete eben nicht nur, Wissen und Erfahrung zu vermitteln, sondern auch mit allen schöpferischen und schwierigen Zeiten konfrontiert zu sein, bei denen ich sonst meine Kunden unterstütze.

---

[*] Aus Gründen der leichteren Lesbarkeit habe ich auf die explizite Nennung weiblicher Endungen verzichtet. Das Buch wendet sich natürlich gleichermaßen an Frauen und Männer.

Und das war die zweite Chance: Als Psychologin bin ich daran gewöhnt, eigene Gefühle und Verhaltensweisen für meine berufliche und persönliche Entwicklung zu nutzen. Noch während des Schreibens an diesem Buch habe ich viel dazugelernt

- über mein Vorankommen im Schreibprozess, *obwohl* ich schon Fachbücher und viele andere Publikationen verfasst hatte,
- über die Haken, die ich schlage, statt offensiv ins Schreiben einzusteigen – *obwohl* ich sehr gerne und früh drauflosschreibe,
- wie ich meine Ideen am besten reifen lassen und schließlich ernten kann – *obwohl* ich ein ideenreicher Mensch bin,
- über die Methoden, die ich in diesem Buch vorstelle – *obwohl* meine Kunden seit Jahren von ihnen profitieren und ich sie selbst anwende.

Schreiben war für mich auch Lernwerkzeug, und das kann es für jeden sein – wenn man dabei nicht nur gestresst und lustlos Texte zusammenbastelt, sondern wach, neugierig und engagiert ist.

Ich möchte Sie mit diesem Buch dazu verlocken, (wieder) mit Freude zu schreiben – auch und gerade im Job, in den Sie einen Großteil Ihrer Lebenszeit und -energie investieren. Erst mit Spaß und Engagement schreiben Sie die besseren Texte für Ihre Karriere. Erst dann gewinnt der Text das entscheidende Quäntchen hinzu. Und erst dann nutzen Sie das volle Potenzial für berufliche und persönliche Entwicklung.

Deshalb wünsche ich Ihnen jetzt viel Spaß beim Lesen über das Schreiben – und beim Schreiben.

Ulrike Scheuermann
Berlin, im Januar 2009

Das Gehirn fragt immer: „Was kriege ich dafür, dass ich mich ändere?", und wenn es darauf keine gute Antwort gibt, dann ändern sich Menschen eben nicht.

Gerhard Roth, Hirnforscher

Schreiben im Job – das geht schon irgendwie. Stimmt das? Es wird so viel geschrieben wie nie zuvor. Wir setzen auf Texte, um Wissen zu dokumentieren und abzurufen. Unternehmer wie Angestellte, Führungskräfte wie Assistenten, Personalreferenten wie Vertriebsmitarbeiter – sie alle verbringen einen großen Teil ihrer Arbeitszeit mit Schreiben: Sie schreiben E-Mails und Briefe, die informieren und Beziehungen aufbauen. Sie schreiben Konzepte, Analysen, Strategiepapiere, Anträge, Berichte, Protokolle, Websitetexte, Fachartikel und -bücher, die analysieren, vorschlagen, werben, anregen, Wissen vermitteln und weiterentwickeln. Sie schreiben Angebote und Präsentationen, die beeindrucken, von der eigenen Kompetenz überzeugen und damit Aufträge generieren. Und sie machen damit Karriere.

Längst geht es nicht mehr nur darum, überhaupt zu schreiben, sondern hochwertige und prägnante Texte zu verfassen: In Zeiten des Web 2.0, in denen viele über alles, überall und nicht immer gut schreiben, geht es auch darum, sich positiv abzuheben. Um von auswahlgeübten Lesern überhaupt gelesen zu werden. Um be- und geachtet zu werden. Um sich schließlich einen Namen zu machen. Dann hat schriftliche Kommunikation einen unschätzbaren Vorteil: Sie wirkt nachhaltig. Denn während mündliche Kommunikation oft flüchtig ist, bestehen Textdokumente verbindlich über den ersten Eindruck hinweg.

Doch Schreiben ist bisher ein versteckter Karrierefaktor. Und das aus mehreren Gründen.

Erstens: Die meisten Berufstätigen nutzen die Möglichkeiten des Schreibens nicht aus. Weil sie gar nicht auf die Idee kommen, dass Schreiben ein Potenzial jenseits von Stilregeln haben könnte. Dass Schreiben mehr bedeuten könnte, als ein Blatt Papier in die Hand zu nehmen oder eine Datei zu öffnen – und: ja, eben zu schreiben. Diese Art des Schreibens ist allerdings nicht mehr, als sich beim Ausdauertraining einfach die Laufschuhe anzuziehen und loszurennen. Doch was ist mit der richtigen Abrolltechnik des Fußes? Was ist mit dem Gefühl für das richtige Lauftempo, das weder erschöpft noch unterfordert; dem Gespür, wann es reicht, um auch morgen noch fit zu sein; dem Know-how zu Pulsfrequenz, Atemtechnik und Regeneration? Wer sich weiterentwickeln will, muss sich selbst und sein Thema immer besser kennenlernen – und dann trainieren. Genau das tun Sie für das Thema Schreiben mit diesem Buch.

Der zweite Grund, warum das Schreiben als Karrierefaktor vernachlässigt wird: Viele empfinden es als lästig, als Störfaktor im Arbeitsalltag. Es stiehlt Zeit, die man für andere Aufgaben dringender bräuchte. Diese Haltung macht es schwer, das Potenzial des Schreibens zu entdecken.

Und drittens: So manchem fällt beim Thema Schreibenlernen nur der Volkshochschulkurs zum Kreativen Schreiben ein, den die pensionierte Nachbarin seit Jahren besucht. Das liegt daran, dass im deutschsprachigen Raum überwiegend literarische Schreibkompetenz vermittelt wird. Doch seit einiger Zeit setzt sich auch hier – so wie längst etwa in den USA – der Gedanke durch, dass sich berufliches Schreiben erlernen und als Reflexionswerkzeug nutzen lässt. Dieses veränderte Verständnis wird das Schreiben als Schlüsselkompetenz zunehmend aufwerten und als Karrierefaktor in den Blickpunkt der Berufstätigen und Weiterbildner rücken.

Aber wie wirkt Schreiben nun als Karrierefaktor? Lohnt es sich, besser schreiben zu lernen? Erst auf den zweiten Blick lautet für viele die Antwort „Ja" – wenn überhaupt. Doch Anstrengungen müssen sich fürs Gehirn lohnen, sonst findet keine Veränderung statt, sagt der Hirnforscher Gerhard Roth. Deshalb erfahren Sie in diesem Buch, wie Sie durch Schreiben erfolgreicher werden. Sie erfahren dazu gleich einmal das Wichtigste. Damit Ihr Gehirn weiß, warum es sich anstrengt.

Erstens: Wer schreiben kann, macht Karriere, denn er beeindruckt andere, macht sich durchs Schreiben bekannt und erlangt Expertenstatus, denn

- wer souverän schreibt, beeindruckt seine Leser – Kunden, Vorgesetzte, Kollegen und Mitarbeiter. Sie erregen Aufsehen durch lösungsorientierte Entscheidungsvorlagen. Sie gewinnen Aufträge durch überzeugend formulierte Angebote und Präsentationen. Und spätestens, wenn Ihre Projektbeschreibungen im Intranet stets besonders klar formuliert sind, wird der Bereichsleiter aufmerksam.

- wer kontinuierlich veröffentlicht, tritt als Autor und Experte an die Öffentlichkeit. Sie machen gute Arbeit, aber niemand weiß davon? Längst gehören Reden *und* Schreiben über das, was man macht, zusammen, um sich als Experte zu profilieren und bekannt zu machen. Wenn einem Leser der zweite oder dritte Artikel von Ihnen in die Hände fällt, bleibt Ihr Name bei ihm hängen. Wenn Sie Ihre

Leistung auch schriftlich kommunizieren, können Sie Ihr Wissen mit einem größeren Publikum teilen und mehr Resonanz bekommen. Dadurch fördern Sie den Austausch, der alle weiterbringt.

Fallbeispiel

Daniela Dunker

Die Diplom-Ingenieurin in einem mittelständischen Betrieb hat gerade ihren ersten Fachartikel geschrieben und in einem angesehenen Fachmagazin veröffentlicht. Seitdem erreichen sie Anfragen von Lesern, die zum gleichen Thema arbeiten. In diesem fachlichen Austausch entstehen neue Perspektiven. Sie kann zusammen mit Kollegen Neuerungen in ihrer Abteilung umsetzen und ihre Firma hat Stoff für interessante strategische Überlegungen. Und mit dem Geschäftsführer, den sie vorher nur vom Sehen kannte, plant sie gerade einen weiteren Fachartikel.

Doch nicht jeder, der veröffentlicht, wird automatisch zum angesehenen Experten. Erst wer fundiert und strukturiert schreibt, zeigt damit anderen, dass er ein Thema wirklich durchdrungen hat und nicht oberflächlich dahinredet. Wenn Ihnen das gelingt, zeugt Ihr Text von intensiver und kompetenter Auseinandersetzung. Und der Leser schließt vom Text auf den Autor – auch Sie als Person wirken damit seriös, fundiert, überzeugend. Auch noch nach zwei Jahren.

Und das ist der zweite Grund, warum Schreibende Karriere machen: Wer schreibt, der bleibt. Ein mitreißender Vortrag, eine intensive Diskussion, ein inspirierendes Gespräch – all das kann Eindruck hinterlassen. Doch was bleibt nach einem Monat, einem Jahr? Das Bild des Redners mit der sympathischen Mimik, der Höreindruck einer kraftvollen Stimme, das Gefühl von Aufbruch? Welche Worte dazugehörten und was die zentrale Aussage des dritten Redners am vierten Kongresstag war, ist schnell vergessen. Unsere Wissensgesellschaft ist heute weitgehend auf das geschriebene Wort angewiesen, um sich an Informationen zu erinnern.

Der dritte Grund: Wer schreiben kann, macht Karriere, denn wer ansprechend schreibt, gewinnt Menschen. Auch auf neuen Wegen. So wie Markus Brohm im folgenden Fallbeispiel, der seine Mitarbeiter mit einem Blog gewinnt.

Markus Brohm

Der neue Bereichsleiter eines Großkonzerns veröffentlicht mit seinem Blog im Intranet regelmäßig seine aktuellen Gedanken zu Strategie, Unternehmensausrichtung und Mitarbeiterführung. Lesen und kommentieren kann jeder interessierte Mitarbeiter. Fast alle machen mit. Beide Seiten profitieren: Markus Brohm macht sich bekannt und gewinnt die Mitarbeiter; zugleich können diese mit Meinungen und Ideen positiv auffallen und eventuell sogar mitgestalten – quer durch alle Hierarchieebenen.

Neben den ganz direkten Erfolgen durch Schreiben wie Bekanntheit, Expertenstatus und kommunikativer Austausch gibt es noch eine vierte Erfolgskategorie: Die persönliche – geistige und emotionale – Entwicklung durch Schreiben:

- Wer das Schreiben nutzt, um weiterzudenken, kann damit neue Ideen und Visionen entwickeln und zum gefragten Vordenker für Innovationen werden. Denn die Art des Schreibens, die ich in diesem Buch vermittle, hat einen Doppelnutzen: Sie schreiben für Ihre Leser, aber gleichzeitig gewinnen Sie zusätzliche Erkenntnisse. Der Blickwinkel auf Ihr Thema kann sich verändern, neue Fragen und Ideen tauchen beim Schreiben auf – und zwar andere als die, die Sie im Kopf oder im Gespräch entwickeln. Reflektierendes oder entdeckendes Schreiben nennen Schreibforscher diesen Ansatz. Ich nenne ihn Schreibdenken. Sie können sogar innere Klarheit und emotionalen Abstand durch Schreiben gewinnen. Und das kommt Ihnen auch im Job zugute.

- Wer schreibt, arbeitet besser: Die Rhythmusforschung weiß, wie sehr der Mensch in Rhythmen lebt und arbeitet, die sein Leben bestimmen. Angefangen beim Puls über das Ein- und Ausatmen bis hin zu den Rhythmen von Anstrengung und Regeneration. Wird das natürliche Rhythmusbedürfnis ignoriert, brennt jeder irgendwann aus oder arbeitet auf niedrigerem Leistungsniveau – geistig und körperlich. Was im hektischen Arbeitsalltag häufig fehlt: Die Gegenbewegung mit einer besinnlichen Tätigkeit. Beim Schreiben besinnen Sie sich auf sich selbst. Schalten Sie Schreibeinheiten zwischen die Arbeitshektik, so regeneriert das die geistigen und körperlichen Energien. Sie gewinnen Abstand zu dem, was Sie vorher getan haben. Danach bearbeiten Sie andere Aufgaben umso erfolgreicher.

Fünftens gibt es noch einen Sinn-Aspekt, der Sie auf Ihrem Karriereweg ebenso voranbringen kann:

Wer schreibt, schafft (Selbst-)Wert. Dadurch, dass Sie Ihr Wissen und Ihre Erfahrungen weitergeben und teilen, schaffen Sie etwas Neues. Das ist zum einen befriedigend für Sie selbst und stärkt das Selbstwertgefühl. Manch einer platzt schier vor Stolz, wenn er nach monatelangem Ringen endlich seinen gedruckten Artikel in den Händen hält. Doch es ist zum anderen auch bereichernd für die Leser. Es regt den Austausch über das Thema an und stiftet andere dazu an, ihr Wissen ebenso zu teilen.

Und schließlich: Wer souverän und mit Freude schreibt, schreibt dadurch einfach besser. Auch das lernen Sie mit diesem Buch.

Im ersten Teil des Buches erfahren Sie alles über die zehn typischen Problemzonen des Schreibens im Job – mit Fallbeispielen, Hintergründen und Lösungsmöglichkeiten.

Im zweiten Teil probieren Sie dann mit dem Trainingsprogramm neue Schreibmethoden anhand Ihrer selbst gewählten Schreibthemen aus und verbessern sich damit bei allen beruflichen Texten, seien es Angebote, E-Mails, Präsentationen oder anderes. Die überwiegend kurzen Übungen können Sie gleich während des Lesens ausprobieren. Denn spätestens durch dieses Buch werden Sie herausgefunden haben: Motivation entsteht durch Tun. Und das gilt auch und ganz besonders fürs Schreiben.

1.TEIL

Die zehn Problemzonen des Schreibens im Job

Jeder hat seine Problemzonen: Beim Schreiben im Job genauso wie in anderen Arbeits- und Lebensbereichen. Doch Schreibprobleme gehen meist weit über Probleme beim korrekten Formulieren hinaus. Schreiben Sie trotz Druck und Arbeitsstress noch effektiv? Kommen Sie gut strukturiert auf den Punkt? Treffen Sie bei E-Mails an wichtige Geschäftspartner den richtigen Ton?

In diesem Teil des Buches erfahren Sie, wie Sie mit Problemen beim Schreiben weiterkommen. Lesen Sie in Fallbeispielen, wie es andere machen, erfahren Sie Hintergründe für Schwierigkeiten – und natürlich Veränderungsansätze. Denn gutes Schreiben lässt sich erlernen. Es ist weniger eine Begabung als vielmehr ein Handwerk, das sich mit der richtigen Einstellung sowie Prozess- und Technik-Know-how trainieren lässt. In jedem Kapitel finden Sie einen „Karrierefaktor", der Ihnen zeigt, wie Sie durch eine neue Herangehensweise beim Schreiben jeweils eine von zehn Schlüsselqualifikationen entwickeln – jene Kompetenzen, die Sie unabhängig von Ihrer Fachkompetenz in jedem Job brauchen: in Zusammenhängen denken, loslegen, Ruhe schaffen, innehalten, strukturiertes Denken, improvisieren, auf den Punkt kommen, Beziehungen gestalten, sich souverän ausdrücken und vordenken. Denn wer durch Schreiben inspiriert und frei zu denken lernt, wird im nächsten Meeting zum Ideengeber, und wer gelernt hat, beim Schreiben auf den Punkt zu kommen, überzeugt auch Auftraggeber. Lassen Sie sich beim Lesen also auch für Ihre persönliche Entwicklung inspirieren – und schlagen Sie damit den wohl direktesten Weg zu Ihrer erfolgreichen Karriere ein.

1. „Wie, Stichpunkte reichen nicht?"

Was Sie gegen die Verpowerpointisierung des Schreibens tun können

Writing shapes thinking and thinking shapes writing.

Kirsti Lonka, finnische Schreibforscherin

Wie wäre es, wenn Sie in der E-Mail Ihres Vorgesetzten oder Partners Folgendes lesen würden: „… Bitte überarbeite das Konzept noch ein drittes Mal. Es wird immer noch nicht verständlich, wie wir die Anforderungen des Kunden umsetzen wollen: Zu unkonkret, es fehlen Details und Erläuterungen …" Unangenehm, oder? Der Text stammt aus der E-Mail eines Projektleiters an seinen Mitarbeiter und ist deutlich: Der Konzeptentwurf ist immer noch nicht abgabereif. Doch was genau stimmt da noch nicht? In diesem Kapitel erfahren Sie, wie Stichpunkte beim Leser ankommen, wann sie fehl am Platz sind und wie Sie sich stattdessen verständlich machen. Und so ging es nach der E-Mail weiter:

Fallbeispiel

Peter Stich

Der Projektmitarbeiter eines großen Softwareherstellers ist frustriert. Er soll das Konzept nochmals überarbeiten, nachdem er tagelang daran getüftelt hat? Er bittet seine Kollegin, sich den Text anzusehen. Sie fängt an zu lesen: „Was meinst du denn mit ‚effektivierter Kommunikation auf allen Ebenen'? Ich dachte, wir wollten jeweils nach dem Jour fixe eine Stunde mit den Einkäufern die Ziele für den nächsten Monat abstimmen? Und der Punkt ‚Lösungsorientierte Berichterstattung': Meinst du, dass wir klar definieren, wie bei uns Entscheidungsvorlagen mit den jeweiligen Lösungsvorschlägen aussehen?" „Ja, du hast recht, ich müsste wohl irgendwie genauer schreiben, hat Klaus mir auch schon geschrieben. So wie du es gerade gesagt hast, könnte man es gleich aufschreiben."

Peter Stich hat Schwierigkeiten mit ausformulierten Texten, die er in seinem Beruf schreiben muss: Analysen, Angebote, Konzepte und Spezifikationen. Immer wieder bekommt er sie von seinem Teamleiter mit Anmerkungen und Kritik zurück und versucht dann, sie zu verbessern. Fertig werden sie oft erst im dritten oder vierten Anlauf. Viel leichter fällt es ihm, Präsentationen vorzubereiten. Wenn er alle Inhalte komprimiert zusammenfassen, mit Powerpoint präsentieren und den Rest mündlich erklären kann, ist er in seinem Element. Manchmal fragt er sich, warum das für Lesetexte nicht auch reichen soll.

Stichwortstil in beruflichen Texten – Wann er passt und wann nicht

Stichwortformulierungen haben eindeutig Vorteile: Sie vermitteln schnell und prägnant Informationen im Überblick. In Form von Aufzählungen kommen Sie damit auf den Punkt. Und Stichworte helfen, die eigenen Gedanken zu entwickeln, zu strukturieren und einen ausformulierten Text vorzubereiten.

Fallbeispiel

Im Zug

Vor einigen Jahren saß ich am Abend im ICE von Frankfurt nach Berlin und beobachtete, was wohl fast jeder Bahn-Fahrgast kennt: Der Bildschirm eines Laptops leuchtete schräg vor mir und ein Mann im Anzug schrieb Stichworte in seine Powerpoint-Datei. Zügig und ohne Aufzeichnungen zu nutzen generierte er Dokumentseite um -seite, ab und zu raufte er sich die Haare und schien dabei nachzudenken, sein Handy klingelte, dann wieder Powerpoint, zwischendurch ein Kaffee …

Der Mann im Zug konnte trotz Müdigkeit offensichtlich noch einigermaßen konzentriert arbeiten. Er dachte beim Schreiben weiter – eine wichtige Methode, die Sie in diesem Kapitel genauer kennenlernen. Damit kommen Sie oft sehr viel schneller zum Ziel eines gelungenen Textes.

Stichwortstil hat jedoch auch eine Kehrseite: Er kann die Verständigung erschweren, weil Lesetexte anders aufgenommen werden als mündliche Präsentationen. Peter Stich kann bei seinen Lesern nicht mehr mündlich ergänzen, was „effektivierte Kommunikation auf allen Ebenen", „Synergieeffekte" oder „Implementierung" konkret bedeuten. Der Text muss für sich allein sprechen. Will er dann noch einen komplizierten Sachverhalt darstellen, so kommt er mit der gewohnten verpowerpointisierten Stichwortkommunikation überhaupt nicht mehr weiter. Der Leser kann ihm nicht mehr folgen, müsste in Gedanken die Stichworte in vollständige Sätze übersetzen, um sie zu verstehen. Das schafft er möglicherweise noch. Einen anderen Teil der Lesearbeit kann er nicht mehr leisten: Standardformulierungen wie „Steigerung der Effektivität" oder „Zielorientierung" wirken wie unverständliche Worthülsen, wenn sie nicht für den Einzelfall konkretisiert werden. Man liest entweder darüber hinweg oder jeder denkt sich seinen eigenen Teil, mit dem man falsch liegen kann. Fazit: Stichworttexte bleiben oft unverstanden, ungelesen oder werden falsch interpretiert. Der Denkaufwand ist für den Leser zu hoch.

Schreiben Sie dagegen in ausformulierten Sätzen, so können Sie häufig viel besser informieren, erklären oder sogar Leser überzeugen. Sie beeindrucken und begeistern Ihre Leser und nehmen sie für sich ein. Denn durch einen umsichtig aufgebauten, elegant und verständlich formulierten Text entsteht beim Leser ein gutes Gefühl dem Autor gegenüber. Er denkt bei sich: Der denkt ja logisch und strukturiert; da steckt was dahinter; jetzt kapiere ich diese Sache endlich; der hat sich beim Schreiben die Mühe gemacht, mir etwas nahezubringen; der arbeitet fundiert. So haben Sie die Chance, als Autor glaubwürdig zu sein, mit Kompetenz zu beeindrucken und wirklich verstanden zu werden. Letztendlich schreiben Sie damit also effektiver.

Stichwortstil passt:	Stichwortstil passt nicht:
• bei Präsentationen als Ergänzung zu den mündlichen Erklärungen. • als ergänzende oder zusammenfassende Liste Innerhalb von ausformulierten Texten. Dann schaffen Stichworte Überblick, bringen Abwechslung und das Wichtigste auf den Punkt. • als Inhaltsverzeichnis für den schnellen Überblick. • wenn Sie Platz sparen müssen – alles muss auf eine halbe Seite. • wenn es schnell gehen muss: Für einen ausformulierten Text benötigen Sie in der Regel mehr Zeit. • als Denkhilfe, um erste Gedanken zu einem Thema zu sammeln und so einen ausformulierten Text vorzubereiten.	• wenn Sie ein neues Thema einführen, es also noch keine gemeinsame Verstehensbasis mit den Lesern gibt. • wenn mündliche Erläuterungen fehlen und zum Beispiel eine Powerpoint-Datei die einzige Informationsquelle ist. • wenn Sie einen komplexen Gedankengang verständlich und Schritt für Schritt erklären möchten. • wenn Sie Ihre Statements mit guten Argumenten und Beispielen begründen und dadurch überzeugen wollen. • wenn Sie Ihre Leser zum Denken anregen, beeindrucken, begeistern und inspirieren möchten. • wenn Sie als Autor im Text sichtbar werden und dadurch Lesersympathien und -interesse an Ihrer Person wecken wollen.

Setzen Sie beide Textformen daher immer gezielt ein – je nach Anforderung: Geht es um Schnelligkeit, Überblick und erste Hinweise zu einem Thema, reicht der Stichwortstil in der Regel vollkommen. Sind jedoch Argumentationstiefe, Leserkontakt und fundierte Darlegung von Zusammenhängen gefragt, so sind ausformulierte und abschnittweise aufgebaute Gedankengänge die bessere Wahl.

So schreiben Sie (wieder) in vollständigen Sätzen

Peter Stich hatte Glück: Seine Kollegin setzte sich an den Computer und überarbeitete mit ihm zusammen das Konzept. Sie fragte geduldig nach, was er mit seinen Stichworten konkret meinte oder machte selbst Vorschläge für konkretere Formulierungen und Begründungen. Es gab keine weitere E-Mail des Projektleiters. Peter Stich aber war nachdenklich geworden: Wie konnte er von Beginn an verständlicher schreiben und sich zukünftig peinliche Rückmeldungen und Arbeitsaufwand sparen? Dazu ist wichtig zu wissen, dass Peter Stichs Mühe mit ausformulierten Texten einen handfesten Grund hat: Er hat es nie gelernt. Bei Schulaufsätzen bekam er schlechte Noten, aber keine Verbesserungsvorschläge. In seiner Ausbildung musste er kaum schreiben. Im Job mogelte er sich lange durch. Und heute? Auch wenn im alltäglichen Job-Stress die ausformulierte Variante auf der Strecke zu bleiben droht: Mit Übung und einem geschärften Bewusstsein für die Schwächen des Stichwortstils kann es Peter Stich genauso wie jedem anderen leicht gelingen, fundierte ausformulierte Lesetexte zu schreiben. Die folgenden Tipps helfen dabei.

Vor dem Schreiben schreiben

Lernen Sie, wieder in eigenen Formulierungen anstatt in Worthülsen zu denken und zu schreiben. Und das schon *vor* dem eigentlichen Text. Sammeln Sie Ihre Assoziationen zum Schreibthema: Notieren Sie fünf Minuten lang so schnell wie möglich Ihre Gedanken zum Thema, indem Sie sie unzensiert aufschreiben. Das geht schnell, fast überall und bündelt im Nu die Gedanken zum Thema. Erinnern Sie sich an den sich die Haare raufenden Mann im ICE: Trotz erschwerter Konzentrationsbedingungen in der Bahn notierte er scheinbar mühelos seine Gedanken. Genauso sollte Textvorbereitung sein: schnell, assoziativ, leichthändig. Schreiben Sie so, wie Sie denken: Wenn Sie eher in Stichworten denken, dann notieren Sie Ihre Gedanken auch in Stichworten. Wenn Sie eher in vollständigen Sätzen denken, dann versuchen Sie ebenfalls so schnell wie möglich Ihren Gedankenfluss zu notieren, ohne innezuhalten und ohne über das Geschriebene nachzudenken. Diese Wort- und Gedankensprints sind simple und kurze Übungen, um das Denken mit verblüffenden Ergebnissen zu trainieren und zu vertiefen. Im zweiten Teil des Buches finden Sie diese Übungen in der vierten Trainingseinheit. Sie werden merken, dass dabei andere Texte herauskommen: verständlichere, zusammenhängendere, vielleicht mit weiteren brauchbaren Ideen.

Abschnittweise planen

Nehmen Sie sich die Zeit, vor dem Texten noch eine Textdramaturgie für jeden Abschnitt zu entwickeln und komplexe Gedanken konsequent Schritt für Schritt aufzubauen: Wie will ich die Argumentation entwickeln? In welcher Reihenfolge erläutere ich die Aspekte? Was ist für meine Leser das Wichtigste? Wo sollte ich durch Beispiele das Verständnis fördern? Mit einer gründlichen Detailplanung erstellen Sie bessere Texte und sparen Zeit, auch wenn es vorerst nach Mehrarbeit aussehen mag. Zum abschnittweisen Planen gehören zudem die kleinen, aber wichtigen Gliederungswörter.

Gliederungswörter verwenden

Mit Gliederungswörtern leiten Sie von einem Aspekt zum nächsten über und zeigen an, wie Sätze und Satzteile zueinander in Beziehung stehen. Mit den kleinen Wörtern erzielen Sie eine große Wirkung: Sie verdeutlichen damit Zusammenhänge, schreiben selbst strukturierter und lassen den Leser interessiert weiterlesen. Denn der Leser erkennt sie schneller als den restlichen Text und kann sich daran orientieren. Zum Beispiel verwenden Sie für eine Aufzählung „zunächst … danach … schließlich", für einen Gegensatz „jedoch" und für eine Schlussfolgerung „deshalb". Die Tabelle zeigt Ihnen Beispielwörter, die zu den Überleitungsfunktionen passen.

Überleitungsfunktion	Gliederungswort
Aufzählung	erstens … zweitens … drittens, zunächst … danach … schließlich, zum einen … zum anderen, nicht nur … sondern auch, sowohl … als auch, weder … noch, sowie
Vergleich	ähnlich, im Vergleich, verglichen mit, als wenn
Illustrierung	zum Beispiel, beispielsweise, konkret ausgedrückt, bildlich gesprochen
Gegensatz, Ersatz	jedoch, entweder … oder, einerseits … andererseits, anstatt, vielmehr, während, alternativ gedacht
Ergänzung	darüber hinaus, außerdem, zudem
Einräumung	obgleich, obschon, obwohl, trotzdem, wenn auch, zwar … aber
Bedingung	bevor, (nicht) ehe, falls, je nachdem ob, sofern, wenn (jedoch), andernfalls, sonst
Zeitabhängigkeit	als, bevor, ehe, bis, nachdem, sobald, während, wenn, wenn … dann
Zweck	damit, dass, um zu
Begründung, Ursache	denn, nämlich, weil
Verstärkung, Wiederholung	tatsächlich, insgesamt, mit anderen Worten
Schlussfolgerung, Wirkung	also, daher, darum, aus diesem Grund, demnach, deshalb, deswegen, folglich, daraus folgt, letztendlich, sodass, in Konsequenz
Zusammenfassung	zusammenfassend, insgesamt, kurz gesagt, alles in allem, schließlich, nun

Doch was tun, wenn Sie mit einem Stichworttext gestartet sind und nun in einen Fließtext umformulieren wollen? Mit dem folgenden Beispiel verfolgen Sie den Weg von Powerpoint-Stichworten hin zu einem ausformulierten Text, den schließlich jeder versteht und der zum Weiterdenken motiviert – auch unabhängig von der Präsentation im Meeting.

Clara Zehden

Die Personalentwicklerin ist von der Unternehmensleitung beauftragt, ein zeitlich begrenztes Netzwerk mit fünf Partnerfirmen aufzubauen. Zuerst muss dafür die Zusammenarbeit im Netzwerk abgestimmt werden. Sie präsentiert dazu die möglichen Erfolgsfaktoren. Während des Präsentierens bemerkt sie erste Schwächen ihrer Präsentation. Die Diskussion bestätigt es: Die Teilnehmer haben einige Punkte nicht verstanden. Sie notiert sich alle Nachfragen und eigene Irritationen auf dem Ausdruck ihrer Powerpoint-Datei.

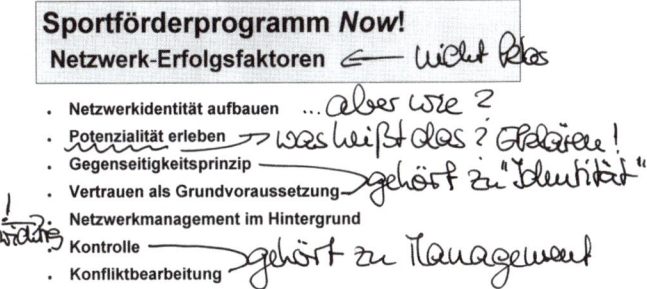

Danach verfasst sie ein Thesenpapier, das die Ergebnisse der Diskussion zusammenfasst. Beim nächsten Treffen soll es mit den Kollegen abgestimmt werden. Sie erweitert dafür die Stichpunkte mit kurzen Erklärungen. Als ein Kollege den Stichworttext jedoch gegenliest, hat er so viele Nachfragen, dass sie gleich eine dritte, ausformulierte Version schreibt. Während des Schreibens fallen ihr weitere Unstimmigkeiten auf. Sie arbeitet nach und nach eine Struktur heraus, die losgelöst von der ursprünglichen Stichpunktliste neue Schwerpunkte setzt, andere Aspekte als Nebensachen einstuft und Bezüge klärt. So gewinnt sie zusätzliche Ideen für einen erfolgreichen Netzwerkaufbau und gelangt endgültig vom Stichworttext zum Fließtext. Der ausformulierte Lesetext (siehe nächste Seite) ist komplett neu strukturiert. Er ist länger, aber verständlich und mit klaren Bezügen. Das Schreiben hat ihr Spaß gemacht und sie bekommt durch die neuen Ideen Lust auf die bevorstehende Netzwerkarbeit.

Wie wird unser Netzwerk erfolgreich?

Netzwerke laufen nicht von alleine. Die treibende Kraft für erfolgreiches Zusammenarbeiten sind motivierte Netzwerkpartner. Und wie fördert und erhält man diese Motivation? Durch eine gemeinsame Identität und Management „im Hintergrund" für Kontrolle und Konfliktbearbeitung.

1. Netzwerkidentität: „Wir gehören zusammen"

Wir können erreichen, dass sich alle Partner mit dem Netzwerk identifizieren. Indem wir Sympathie fördern und das Vertrauen stärken, dass echter Austausch stattfindet. Zum Beispiel so:

- Mit einem **Kick-Off** und **monatlichen Live-Treffen** erleben die Netzwerkpartner Potenzialität: „Wir entwickeln gemeinsame Visionen und Ziele, wir werden etwas erreichen."

- Mit einer **Abschlusspräsentation** der Ergebnisse vor den Vorständen aller Partnerorganisationen. So ist von Beginn an klar, dass Wissen und Erfahrungen geteilt werden (Gegenseitigkeitsprinzip).

2. Management: „... Kontrolle ist besser"

Die meisten Menschen haben ein feines Gespür dafür, wann sie ausgenutzt werden. Geraten also Geben und Nehmen aus dem Gleichgewicht, ist das produktive Netzwerk rasch gefährdet.
Deshalb gibt es einen Netzwerkmanager.

- Er **kontrolliert** zuvor vereinbarte Regeln der Zusammenarbeit. Dadurch entsteht die Sicherheit, dass das Gegenseitigkeitsprinzip eingehalten wird. Die Partner bleiben motiviert, ihr Wissen zu teilen.

- Er **bearbeitet Konflikte:** Kristallisieren sich „Schmarotzer" heraus, so müssen diese nach einem vorher festgelegten Verfahren sanktioniert und bei Wiederholung sogar verabschiedet werden.

Probieren Sie es bei nächster Gelegenheit selbst aus: Nehmen Sie eine Seite Ihrer letzten Powerpoint-Präsentation oder eines anderen Stichworttextes und formulieren Sie daraus einen Lesetext. Was passiert beim Schreiben in Ihrem Kopf? Wie verändert sich der Inhalt? Gibt es neue Erkenntnisse?

Wie Sie beim Schreiben weiterdenken

Texte mit Tiefgang kann man nur schreiben, wenn man auch tiefgründig denkt. Wie können Sie also dem verpowerpointisierten Denken dazu verhelfen, so komplex, schlüssig und logisch wie möglich vorzugehen? Indem Sie schreibdenken. So nenne ich das Weiterdenken beim Schreiben, das Schriftsteller schon lange kennen. Abgeleitet ist der Begriff vom Sprechdenken – der erstaunlichen Fähigkeit des Menschen, während des Sprechens parallel schon weiterzudenken und die nachfolgenden Sätze zu formulieren. Nutzen Sie das Schreiben also nicht nur, um Texte zu verfassen, die nach außen gehen. Nutzen Sie das Schreiben auch, um dabei Ihre Gedanken weiterzuentwickeln. Schreibforscher wissen seit Längerem: Wie kaum eine andere Methode entwickelt Schreiben das Denken weiter, welches wiederum das Schreiben prägt: „Writing shapes thinking and thinking shapes writing", beschreibt die finnische Schreibforscherin Kirsti Lonka den Prozess des Schreibdenkens. Es entsteht eine Schreibdenkspirale, die Denken und Schreiben gleichermaßen voranbringt.

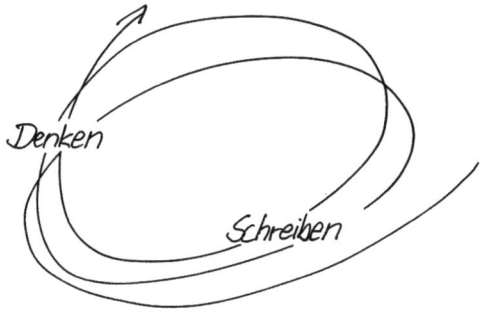

Der große Vorteil dieses Schreibdenkens: Es hält Sie dazu an, konzentriert weiter- und zu Ende zu denken und ganz nebenbei trainieren Sie dabei Ihre Schreibkompetenz auf bestmögliche Weise.

Und so funktioniert Schreibdenken: Sie schreiben fünf bis zehn Minuten so schnell wie möglich ohne innezuhalten Ihren Gedankenfluss auf. Möglichst nah an Ihrer inneren Sprache, genau so, wie sich Ihre Gedanken im Kopf formen. Während Sie Ihre Gedanken aufschreiben, entstehen neue Gedanken, die Sie wiederum aufschreiben und somit beim Schreiben Ihre Einsichten und Ihr Wissen weiterentwickeln. Sie verlangsamen durch das Schreibdenken Ihr Denktempo und erreichen ein Gleichmaß in der Denkgeschwindigkeit, das eine neue Denkstrategie einübt: Mit der Zeit gewöhnen Sie sich (wieder) daran, gründlich, konzentriert und zielstrebig zu denken. Sie setzen damit auch einen Kontrapunkt zum schnellen Denktempo im Berufsalltag.

Wichtig: Schreibdenken ist persönliches Schreiben. Es ist Vorstufe, Begleitung und Werkzeug auf dem Weg zum eigentlichen Text. Sie schreiben also vorerst keine Texte für Leser, sondern halten sie als persönliche Texte unter Verschluss. Erst dadurch schreibdenken Sie wirklich unzensiert.

Das ungenutzte Potenzial des Schreibdenkens

Obwohl das Prinzip des Schreibdenkens so einfach ist, nutzen es im deutschsprachigen Raum nur wenige systematisch als Denkstrategie. Warum?

Beim beruflichen Schreiben denken wir in erster Linie an Texte, die nach außen gehen. Wir haben gelernt, produktorientiert zu schreiben: Wir wollen den guten Text, der bei anderen ankommt – und zwar möglichst sofort. Prozessorientiertes Schreiben widerspricht unseren Vorstellungen von gutem Schreiben. Obwohl auch bei Profischreibern anfänglich notwendigerweise Texte entstehen, die man besser niemandem zeigt.

Zudem ist schreibend zu denken im deutschsprachigen Raum schlicht nicht anerkannt. Persönliche Notizen werden als „Tagebuch schreiben" abgewertet, Schreibdenken gilt als überflüssig. Wir lernen diese Denk- und Reflexionsstrategie weder in der Schule noch in Ausbildung oder Studium – und erst recht nicht im Beruf. In anderen Ländern, etwa in den USA, ist die Methode des Schreibdenkens längst in Ausbildung und beruflicher Praxis etabliert.

Das Schreibdenken und sein Potenzial für Denken, Schreiben und persönliche Entwicklung wird Ihnen in diesem Buch immer wieder begegnen.

In Zusammenhängen denken

Wenn Sie darauf achten, statt in Stichworten wieder mehr in zusammenhängenden Sätzen zu denken und zu schreiben, bauen Sie damit eine wichtige Kompetenz aus: Sie denken komplexer, setzen Aspekte miteinander in Beziehung statt sie Stichpunkt für Stichpunkt nacheinander abzuhaken. Sie bringen sich selbst dazu, Ihre Argumentationen auf ihre Schlüssigkeit hin zu überprüfen: Stimmt es wirklich, dass B der Grund für A ist? Dadurch schreiben Sie nachvollziehbare, verständliche und inspirierende Texte. Und das fällt auf: bei Vorgesetzten, Kunden und Kollegen.

Es hilft Ihnen aber auch dabei, in der mündlichen Kommunikation auf eine neue Ebene zu gelangen. Sie erwecken mit individuellen und originellen Gedankengängen das Interesse anderer, überzeugen argumentativ und inspirieren sich gegenseitig. Mit der Zeit werden Sie so zum gefragten Gesprächspartner, wenn es darum geht, Ideen zu entwickeln und Themen zu ergründen.

Kompakt: Schreiben und denken mit Tiefgang

Der moderne Stichwortstil hat heute einen wichtigen Stellenwert im Berufsalltag. Ausformulierte Texte werden darüber jedoch häufig vernachlässigt. Konsequenz: miss- und unverstandene, oft langweilige oder ungelesene Texte.

Setzen Sie beide Textformen bewusst ein – je nach Anforderung. Ausformulierte Texte mit vollständigen Sätzen machen Lesern auch komplizierte Inhalte verständlich, bauen eine Beziehung auf, motivieren und inspirieren.

Mit der Methode des Schreibdenkens lernen Sie, komplex und individuell zu denken und zu schreiben. Ihren neuen Denkstil können Sie erfolgreich in den mündlichen und schriftlichen Austausch mit anderen einbringen.

2. „Schreiben vermeide ich, wo es geht"

Wie Sie einsteigen und dranbleiben

Erfolg hat drei Buchstaben: TUN!

Johann Wolfgang von Goethe

Einen Vortrag auf einem Kongress halten? Das ja. Aber einen Artikel dazu schreiben? Lieber nicht. Die neue Ausrichtung des Unternehmens diskutieren? Klar. Aber die Websitetexte an diese veränderte Ausrichtung anpassen? Oh nein! Schreibvermeidung ist eines der größten Schreibprobleme: Rund zwei Drittel meiner Kunden vermeiden das Schreiben an irgendeinem Punkt. Doch für Schreibvermeidung gibt es Lösungen. In diesem Kapitel erfahren Sie, welche.

Zuerst schauen wir uns jedoch an, wie Schreibvermeidung sich zeigt – nämlich sehr unterschiedlich. Manch einem fällt kaum auf, dass er vermeidet, andere quälen sich damit.

Die Gesichter der Schreibvermeidung – und wie Sie Veränderung in Gang setzen

Fallbeispiel

Christian Krings

Der Finanzmanager ist verantwortlich für die Finanzstruktur und regelt die Zahlungsströme in seinem Konzern. Er hat einen Traum: Er will ein Fachbuch schreiben, zwölf Jahre Erfahrung und sein Wissen über Finanzmanagement bündeln. Jetzt plant er einen Fachartikel – als Testlauf für das Buchprojekt – und erzählt Folgendes: „Ich kenne die Chefredakteurin der Zeitschrift. Sie hat schon ein paar Mal gesagt, ich soll zu dem Thema was schreiben. Das ist ein sagenhaftes Angebot. Aber ich schreibe einfach nicht, ich blockiere total. Warum bloß? Wie soll ich da erst ein Fachbuch zustande bringen?" Er schildert seine Herangehensweise: „Ich fange immer ganz motiviert an, habe eigentlich Lust zum Schreiben. Aber dann bleibe ich nach ein paar Sätzen hängen, blättere in einer Zeitschrift und breche in Bewunderung darüber aus, was andere schreiben. Zweifle dann, ob es überhaupt sinnvoll ist, selbst etwas zu schreiben – und schon klappt gar nichts mehr. Dann beantworte ich lieber meine Mails."

Die Grundstruktur bei der Schreibvermeidung ist immer ähnlich: Jemand geht nicht ran ans Schreiben oder wird nie fertig – auch wenn die äußeren Bedingungen günstig sind, der Terminplan gerade Lücken aufweist und die Motivation grundsätzlich hoch ist. Christian Krings nennt es „Schreibblockade" – liest Zeitschriften statt zu schreiben und steigert sich in Versagensängste hinein. Brigitte Bergmann im folgenden Beispiel nennt ihre Schreibvermeidung „Zeitmangel" – und meint, wenn sie nur Zeit hätte, würde ihr das Schreiben locker von der Hand gehen.

Fallbeispiel

Brigitte Bergmann

Die 35-jährige Rede- und Stimmtrainerin hat sich vor fünf Jahren selbstständig gemacht. In ihrer Berliner Altbauwohnung empfängt sie Manager, Sänger und Lehrer und übt den präsenten Auftritt und den resonanzreichen Stimmklang. Brigitte Bergmann ist Akquisekünstlerin. Sie verteilt ihre Visitenkarten wie Bonbons und begeistert schon im Smalltalk für ihre Arbeit – im Flugzeug genauso wie am Kongressbuffet. Doch wenn sie schließlich ihre Visitenkarte weiterreicht, stolpert sie stets über einen Satz, der wenig zu ihrem Gesamteindruck passt: „Meine Homepage wird gerade überarbeitet, ich kann Ihnen aber gerne in einem ausführlichen Gespräch Weiteres erklären." Sie merkt genau, wie manche Gesprächspartner darauf reagieren: zurückhaltend oder sogar misstrauisch, auch enttäuscht. Inzwischen weiß sie durch Nachfragen sehr genau, warum: Ihr Gegenüber hatte sich gerade vorgenommen, die Website dieser interessanten Trainerin morgen in Ruhe anzusehen, um den ersten positiven Eindruck zu vervollständigen. Wenn nämlich alles stimmt, könnte man sie vielleicht für die nächste Mitarbeiterfortbildung engagieren. Die Websitetexte sind der Dauerbrenner auf Brigitte Bergmanns Aufgabenliste. Aber sie hat so viel zu tun, findet einfach keine Zeit …

Die Reaktion der Gesprächspartner von Brigitte Bergmann ist nachvollziehbar. Irritiert fragen sie sich: Warum ist keine Website da, kann sie ihre Kompetenz nicht darstellen? Ist sie schlecht organisiert? Sind diese Fragen einmal aufgetaucht, ist schon viel vom ersten guten Eindruck verspielt.

Ähnlich wie Brigitte Bergmann äußern sich viele Unternehmer, die erst einige Jahre im Geschäft sind: „Da ist einiges nicht auf dem neuesten Stand" oder „Die Seite mit dem Angebotsspektrum müsste aktualisiert werden, da rufen Sie mich bitte lieber an". Die stimmige Internetpräsenz ist längst das Zünglein an der Waage bei Auftrags- und Kaufentscheidungen. Sie dient als Absicherung: Eine Personalentwicklerin prüft damit bei Beratungsleistungen die Qualität und Seriosität, ein Einzelhändler beachtet bei einem Lifestyleprodukt die Wirkung auf die Zielgruppe, und Jugendliche checken bei einem Musiklabel die Coolness. All das vermittelt sich neben Bild und Ton auch durch die Texte. Aber wenn das alles so wichtig ist, warum kümmern sich sogar Marketinggenies nicht mehr darum?

Wir alle schieben Dinge auf oder vermeiden sie. Meist die unangenehmen. Fast jeder schiebt hin und wieder auch das Schreiben auf. Völlig in Ordnung, wenn der Bericht schließlich doch noch rechtzeitig fertig wird, der Kundenbrief korrekt hinausgeht. Aktive Aufschieber warten ab, bis der richtige Zeitpunkt gekommen ist und schaffen ihr Arbeitspensum auf den letzten Drücker. Wenn der Text vorher im Kopf reifen konnte oder wenn unter hoher Arbeitsbelastung das Aufschieben einfach gesünder ist, so ist dieses aktive Aufschieben eine sinnvolle Selbstmanagement-Strategie. Durch passives Aufschieben jedoch kommt eine typische Abwärtsspirale in Gang: Man schiebt das Schreiben vor sich her, macht sich deswegen Vorwürfe, die Aufgabe erscheint einem wie ein unüberwindlicher Berg, wird deswegen weiter aufgeschoben und erst recht nicht angegangen. Und so weiter. Wenn also Aufschieben zur Belastung wird, Angst oder Selbstabwertung einen bedrücken, der Körper mit Schmerzen reagiert, wenn keine Zeit mehr zum Überarbeiten der Texte bleibt oder wenn wichtige Texte ganz vermieden werden, dann könnten die Lösungsvorschläge in diesem Kapitel Sie weiterbringen.

Übrigens: Meinen Sie, Profischreiber kennen Vermeidungsprobleme nicht? Ganz im Gegenteil: Kaum ein Wissenschaftler, Journalist oder Schriftsteller, der nicht schon einmal Texte vor sich hergeschoben oder sich unproduktiv damit herumgequält hat. Hugo von Hofmannsthal beschreibt, wie ihm die Worte wie modrige Pilze im Mund zerfallen. Gustave Flaubert strich so viele Worte aus wie er schrieb. Thomas Mann und Virginia Woolf haben ebenso eindringlich ihre Schreibblockaden dokumentiert wie die Wissenschaftler Mirca Eliade oder Sigmund Freud.

Profi sein bedeutet eben nicht, problemfrei zu sein, sondern die richtigen Lösungen für seine Probleme zu finden – und sich eventuell Unterstützung bei der Lösungssuche zu organisieren. Sie tun das gerade, indem Sie dieses Buch lesen. Die folgenden drei Wege führen aus der Schreibvermeidung:

Diszipliniert planen und enge Fristen setzen

Um leichter ins Schreiben zu kommen, ist der naheliegende Weg ein diszipliniertes Selbstmanagement mit Zeitplänen, kleinen regelmäßigen

Schreibeinheiten und engen Fristen. Das hilft gerade Schreibern, die bisher unstrukturiert und planlos geschrieben haben.

Mit Freude schreiben

Ein zweiter Weg geht über die Freude am Schreiben, ganz ohne Druck und Selbstvorwürfe: Wer Schreiben als Mitteilung versteht, freut sich schon beim Schreiben auf den Austausch mit anderen und empfindet die Tätigkeit selbst als sinnvoll. Schreiben ist dann ein Schaffensprozess – eine Bereicherung, die sinnvoll, kreativ und befriedigend sein kann. Das gelingt mit dem Trainingsprogramm im zweiten Teil dieses Buches und hilft gerade Schreibern, die bisher eher Abneigung gegen das Schreiben empfunden haben.

Ursachen erforschen

Auf dem dritten Weg forscht man nach den Ursachen eines Problems, indem man sich diese bewusst macht und ihre Bedeutung für das Problem versteht. Bei jedem veränderungsresistenten Problem, nicht nur beim Thema Schreiben, kann man fragen: Was hat meine eigene Psyche dazu zu sagen? Was hindert mich, das Problem einfach zu lösen? Dazu gehört die Bereitschaft zur Selbstkritik, anstatt die Schuld auf anderes zu schieben (keine Zeit, ich wurde gestört, es ist heute zu heiß). Wenn dann noch die Motivation zur Veränderung stimmt, so können Sie sich anschließend neuen Strategien zuwenden und diese prüfen.

Diesen Ansatz für Veränderungen werden wir nun genauer betrachten.

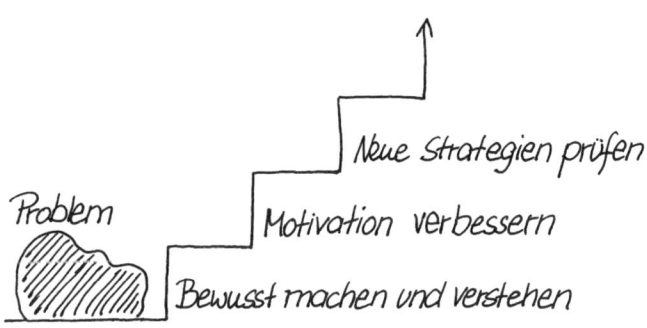

„Warum hab ich bloß nicht …?" – Die Hintergründe der Schreibvermeidung

Die Gründe für Vermeidung sind auf den ersten Blick oft nicht auszumachen. Doch es lohnt sich, diese Gründe zu beleuchten. Brigitte Bergmann hätte damit eine Alternative zu ihrer bisherigen Strategie des „Ich-komme-einfach-nicht-dazu", mit der sie den Status quo aufrechterhält. Christian Krings ahnt zwar schon, dass er der Verwirklichung seines Fachbuch-Traums nur näherkommen wird, wenn er herausfindet, warum er das Schreiben dauerhaft aufschiebt. Doch wo kann er ansetzen? Hier bekommen Sie einige Anregungen, welche Faktoren Sie am Schreiben hindern könnten – prüfen Sie einfach, was auf Sie zutrifft und ergänzen Sie selbst.

Angst

Nebenschauplätze   Perfektionismus

Schreibzeitenplanung   Der innere Kritiker

Fehlendes Schreib-know-how   Negative Schreiberfahrungen

Nicht mein Thema

Angst

Dieses unangenehme Gefühl ist der Hauptgrund, warum nicht geschrieben wird. Mal äußert die Angst sich als Schlaflosigkeit, mal lauert sie hinter einem diffusen Unlustgefühl und mal ist die Angst komplett verdrängt, sodass ganz sorglos aufgeschoben wird. Schaut man genauer hin, so ist die Angst oft groß, durch einen unperfekten Text kritisiert und gering geschätzt zu werden: Sind grundlegende Fehler im Text, die ich übersehen habe? Was werden die Kollegen dazu sagen? Könnte ich mich blamieren? Habe ich meinen Standpunkt ausreichend recherchiert oder bin ich angreifbar? Oder die Angst bezieht sich auf weitere Konsequenzen: Was wird mein Gegner nach dieser Provokation unternehmen? Oder es kommen Versagensängste ins Spiel: Wie soll ich das jemals rechtzeitig und gut fertig bekommen, ich schaffe es ohnehin nicht mehr.

Fast jeder, der schreibt, hat seine persönlichen Ängste. Doch Angst ist ein Störfaktor, dem man lieber ausweicht. Also schiebt man das Schreiben auf. Aber erst wenn Sie sich Ängsten stellen, können Sie sie aushebeln.

Ein gutes Mittel, um der Schreibangst einen Namen zu geben – und sie dann leichter loszulassen –, sind fünfminütige Fokussprints zwischendurch, am besten täglich: Sie schreiben fünf Minuten lang so schnell Sie können, ohne innezuhalten, ohne den Text noch einmal zu lesen und ohne zu zensieren, alles auf, was Sie zu Ihrer Schreibangst gerade im Kopf haben. Wenn Sie Angst haben, Ihr überkritischer Kollege könnte abfällige Bemerkungen machen, dann beschreiben Sie genau das. Wenn Sie durch eher diffuse Angstgefühle bedrängt werden, so schreiben Sie darüber. Denn Schreiben hat eine überaus entlastende, klärende und aufdeckende Wirkung: Als Selbstcoaching-Methode ist Schreiben unübertroffen, als Therapieform wächst seine Popularität. Mehr zu Schreib- und Fokussprints erfahren Sie in der vierten und fünften Trainingseinheit.

Eine andere Möglichkeit ist das Gespräch über die eigene Angst mit vertrauten Menschen oder einem Coach: Was befürchte ich ganz konkret? Woher stammen diese Ängste? Was könnte schlimmstenfalls passieren? Was könnte mich entängstigen? Auch das entlastet ähnlich wie das Schreiben. Durch ein Gespräch über Ihr Thema oder über erste Textentwürfe erfahren Sie aber auch, was andere davon halten und stutzen so unrealistische Ängste auf Normalgröße zurück.

Und besser gegen Angst als jede Pille: Ausdauersport, Entspannungsverfahren und Meditation. Trainieren Sie mindestens dreimal pro Woche eine halbe Stunde moderat Ihre Ausdauer, zum Beispiel mit Jogging, Walking oder Radfahren. Oder entspannen Sie zehn Minuten täglich und trainieren Sie das Abschalten der Gedanken. Das sind hervorragende Möglichkeiten, um Ängste und depressive Verstimmungen abzubauen – gratis und weitere positive Nebenwirkungen garantiert.

Perfektionismus

Falls Sie einen überhöhten Anspruch an sich selbst und den eigenen Text haben, so sind Sie damit in bester Gesellschaft mit den meisten Schreibenden. Perfektionismus lässt die Begrenztheit der eigenen Ressourcen – und die von Konkurrenten – außer Acht. Er treibt einen entweder in Vermeidung oder in Überarbeitung und Burnout. So wie bei Christian Krings aus dem ersten Fallbeispiel: Er liest auch noch das zwanzigste Fachbuch und den 43sten Artikel, um dann erschlagen von der Kompetenz anderer Autoren sich selbst infrage zu stellen und im fiktiven Vergleich mit Fachkollegen schlecht abzuschneiden.

Schrauben Sie Ihre eigenen Ansprüche herunter und passen Sie sie an begrenzte Leser-, Zeit- und Energieressourcen an. Dadurch kommen Sie leichter ins Schreiben. Mit großen Plänen starten die meisten Schreiber – erst wenn sie diese nicht flexibel anpassen können, wird daraus Perfektionismus. Wie steht es also bei Ihnen mit dem Loslassen? Beachten Sie bei der Wahl Ihrer Testleser oder Ihrer Gesprächspartner auch, dass diese Ihren Perfektionismus nicht zusätzlich anfeuern.

Mehr zum Umgang mit Perfektionismus erfahren Sie im vierten Kapitel, in dem es um Schreiben unter Druck geht.

Der innere Kritiker

Oft spielt beim Perfektionismus noch ein Begleiter mit; jeder hat ihn – mal positiv, mal negativ: der innere Kritiker. Er kann als innere Stimme das eigene Schreiben dermaßen kommentieren, kritisieren und abwerten, dass jeder Schreibspaß aufhört: „Was schreibst du denn da für einen komischen Text!", „Das klingt total banal! Das ist doch nichts Neues!", „Komische Formulierungen …" Dieser Kritiker hemmt oft nur halb bewusst das Schreiben. Wird er nicht gestoppt, verändert oder aus dem eigenen Denken verbannt, so versiegen alle Schreibquellen.

Beachten Sie also diese inneren Stimmen: Wie bewerten Sie innerlich Ihre Texte, Ihr Schreiben und Ihre Person? Welche freundlicheren Selbstbewertungen können Sie den Mäkeleien bewusst entgegensetzen? Zum Beispiel: „Das ist doch schon ganz gut für einen ersten Entwurf". Dadurch können Sie den Kritiker mit der Zeit sogar in einen konstruktiven inneren Begleiter verwandeln, der Ihnen wertvolle Hinweise statt Verweise gibt: „Wenn es überhaupt noch was zu verbessern gibt, dann höchstens an der Leseransprache."

Und versuchen Sie Folgendes: Schreiben Sie ab jetzt Ihre Rohtexte mehrstimmig: Sowie Sie innere Stimmen – abwertende oder positive – wahrnehmen, schreiben Sie sie entweder mit einer Markierung direkt in den Rohtext oder auf ein Extrablatt. Werten Sie diese dokumentierten Stimmen später aus: Was ist mäkeliger Unsinn? Wo hat der innere Kritiker im Kern recht und Sie können die Anregung nutzen? Wo weist Ihnen ein Lob den besten Weg?

Negative Schreiberfahrungen

Schreiben ist anstrengend. Mühsam, frustrierend, aufreibend. Schreiben macht müde, weil es den Kopf besonders fordert. In manchen Schreibphasen quälen sich die Worte höchstens mager aus dem Kopf. Beim Schreiben ist man still und mit sich allein – gerade für Extrovertierte keine verlockende Vorstellung. So bleibt am Schreiben oft nichts Angenehmes übrig.

Hier können Sie sich verändern, wenn Sie analysieren, was genau Sie anstrengt oder Ihnen keinen Spaß macht und anschließend Neues ausprobieren: Vielleicht brauchen Sie mehr Pausen – sobald die Nackenmuskulatur sich verspannt. Lockerungsübungen für Arme und Beine zwischendurch können helfen, mit Kopf und Körper wieder beweglicher zu werden. Vielleicht kultivieren Sie das handschriftliche Schreiben neu. Schon eine gute Schreibausrüstung mit einem Füllfederhalter, der leicht übers Papier gleitet, kann mehr Spaß und Abwechslung ins Schreiben bringen. Oder Sie schreiben bei leiser Musik, die Sie in heitere Stimmung versetzt. Und wenn der Ort, an dem Sie gewöhnlich schreiben, mit Stress und Arbeitsdruck verknüpft ist, suchen Sie sich einen Platz, der nur für Ihr Schreiben reserviert ist – den Besuchersessel, den leeren Tagungsraum, das ruhige Café, die Parkbank im Schatten einer Kastanie. Suchen Sie auch nach Wohlgefühlen durch Erfolgserlebnisse und kultivieren Sie sie: Wie fühlt es sich an, wenn Sie sich selbst überwunden und doch eine Viertelstunde geschrieben haben?

Oft gründen die negativen Schreiberfahrungen in der Biografie. Jeder, der schreiben kann, weiß Geschichten und Situationen zu erzählen, die seine Schreibbiografie geprägt haben – oft genug schreibhemmend: Bei der einen kam in der Grundschule der erste freie Aufsatz über die Wochenenderlebnisse mit einer Vier zurück, bei dem anderen wurde die Studienarbeit, an der er monatelang geschrieben hat, vom Dozenten als unwissenschaftlich abgekanzelt. Vielleicht hat eine Lehrerin früher gesagt: „Du kannst ja gar nicht schreiben!" oder der Vater hat regelmäßig mit einem „Was, nur eine Zwei?" demotiviert. Hier gelingt Veränderung, indem Sie sich an schreibhemmende Erlebnisse bewusst erinnern und sich so emotional leichter distanzieren: „Heute weiß ich besser als meine damalige Lehrerin, wie gut ich schreibe." Sie können sich mit negativen Schreiberfahrungen auch aussöhnen: „Der Dozent musste pro Semester 70 Studienarbeiten lesen – und mit einigen Kritikpunkten hatte er wirklich recht."

Nicht mein Thema

Stellen Sie sich vor, Sie sind Ingenieur in einem mittelständischen Unternehmen und müssen eine Mitarbeiterbewertung schreiben. Das entspricht weder Ihren Überzeugungen noch halten Sie es für sinnvoll – Vermeidung wäre naheliegend. Doch jede Medaille hat zwei Seiten. Sehen Sie auch die Kehrseite der unliebsamen Schreibaufgabe: Machen Sie sich das Schreiben so zu eigen, dass Sie dennoch irgendetwas davon haben. Damit bauen Sie Widerstände und Aufschieben ab und arbeiten nutzbringender. Sehen Sie es zum Beispiel als Lerngelegenheit und schärfen Sie beim Schreiben Ihren Blick für Ihre Mitarbeiter. Oder üben Sie besonders effizientes Schreiben. Oder probieren Sie eine neue Schreibtechnik aus diesem Buch aus.

Fehlendes Schreib-Know-how

Nehmen wir an, Sie gehören zu dem Schreibtyp, bei dem der Schreibstart leicht gelingt. Sie beginnen motiviert und haben Spaß daran – und stranden dann mittendrin, geraten auf Abwege und finden nicht wieder zum roten Faden zurück. Dann erst beginnen Sie zu vermeiden. Was tun?

Bei Schreibvermeidern hakt es häufig irgendwo im Schreibprozess: Notiere ich erst meine Ideen oder muss ich schon in fertigen Sätzen formulieren? Kann ich gleich drauflosschreiben oder sollte ich immer zuerst eine Gliederung erstellen? Wie bleibe ich beim Thema ohne abzuschweifen? Hakt es immer am gleichen Punkt, so haben Sie gute Chancen, Ihre Schreibkompetenz rasch und deutlich zu verbessern. Mit einer sorgfältigen Diagnostik durch Selbstbeobachtung oder durch ein Schreibcoaching. Nutzen Sie dazu auch im zweiten Teil den „Fitness-Check". Wenn Sie daraufhin neue Schreibstrategien ausprobieren, hören Sie möglicherweise einfach mit dem Vermeiden auf, weil Sie Hürden beseitigt haben.

Schreibzeitenplanung

Gehören Sie auch zu denjenigen, die meinen, Sie brauchen große Zeiteinheiten fürs Schreiben? Erinnern Sie sich noch an Brigitte Bergmann, die Stimmtrainerin mit der veralteten Website? Sie wartete auf die vielen Stunden ohne Termine – doch die Zeit rannte ihr jeden Tag aufs Neue davon. Nutzen Sie tägliche zehnminütige Schreibeinheiten, um in kleinen Schritten voranzukommen. Wenn Sie dann noch einen Tag haben, an dem Sie zwei oder gar drei Stunden am Stück arbeiten, steht vielleicht schon bald ein fertiger Text.

Nebenschauplätze

Kennen Sie das? Sie müssen eigentlich dringend einen wichtigen Text schreiben. Doch plötzlich bricht ein Konflikt mit einem Kollegen auf, ändern Sie mit großem Arbeitsaufwand Ihre Strategie beim Kunden oder recherchieren stundenlang erfolglos im Internet, sodass an Schreiben nicht mehr zu denken ist. Könnte es sich dabei um einen Nebenschauplatz handeln, den Sie eröffnen, um die Schreibaufgabe zu vermeiden? So etwas passiert häufig. Im Rückblick schüttelt man den Kopf – *so* wichtig war die andere Sache nun wirklich nicht. Da helfen nur zwei Dinge: den Nebenschauplatz identifizieren. Und ihn anschließend in seine Schranken weisen bzw. radikal vertagen.

Wie Sie stärker werden, wenn Sie trotzdem schreiben

Wenn Sie Ihre Schreibvermeidung reflektieren und verändern, so entwickeln Sie sich damit persönlich einen entscheidenden Schritt weiter. So jedenfalls ging es bei Christian Krings, dem verhinderten Fachbuchautor, weiter:

Fallbeispiel

Christian Krings

Ein halbes Jahr später hat er sich seine Angst vor Kritik und Bewertung bewusst gemacht, indem er jeden Gedanken in dieser Richtung sofort aufschreibt. Dadurch kann er gegensteuern: Er wandelt den selbstkritischen inneren Dialog bewusst in einen ermutigenden um, indem er bestärkende Formulierungen innerlich ausspricht. Außerdem hat er jegliche Fachliteratur radikal aus seinem Arbeitszimmer verbannt und erlaubt sich nur noch zwanzigminütige Leseeinheiten. Sein Fachartikel liegt inzwischen bei der Redaktion, und er hat mit den ersten Kapiteln für sein Fachbuch begonnen. Das Schreibdenken nutzt er jetzt systematisch, um sein Verhalten zu reflektieren. Er bemerkt dabei, wie er sich auch in anderen Arbeitssituationen durch Vermeidungsverhalten ausbremst: dass er den Kontakt zu bewunderten Kollegen vermeidet; dass er Gesprächspartner umgeht, von denen er Gegenwind erwartet; dass er sich um öffentliche Auftritte drückt. Auch hier reflektiert er seine Beweggründe schreibend und steuert seine Gedanken bewusster, um bereichernde und Karriere fördernde Situationen nicht länger zu vermeiden.

Wie Sie sehen, hat Christian Krings sein Vermeidungsverhalten abgebaut. Seine Schreibvermeidung gründete vor allem in der Angst, von anderen kritisiert zu werden. Er reagierte darauf mit einem Perfektionismus, der ihn lähmte statt anspornte. Kognitive Selbstbeeinflussung war für den eher kopfgesteuerten Christian Krings die beste Lösung – und das nicht nur beim Schreiben. Mehr als auf seinen Fachartikel war er darauf stolz, die Vermeidungsprobleme bewältigt zu haben. Das beflügelte ihn auch bei seinem Job.

Karriere-faktor

Loslegen

Wenn Sie Lösungen für sich gefunden haben, wie Sie leichter drauflosschreiben, so haben Sie einen wichtigen Schritt für die Entwicklung Ihrer Karriere getan: Sie schreiben gute Berichte, Angebote und Konzepte. Sie verfassen einen Fachartikel, der Sie bei Ihren Kunden bekannt macht und diese bleibend beeindruckt. Sie fallen mit Beiträgen im Intranet auf. So erhöhen Sie Ihr Ansehen und etablieren sich mit der Zeit als souveräner Schreiber und kluger Experte.
Darüber hinaus haben Sie noch etwas anderes erreicht: Da Sie gelernt haben, wie Ihre Vermeidungsstrategien beim Schreiben funktionieren und wie Sie sie verändern können, übertragen Sie das auf ähnliches – berufliches und privates – Vermeidungsverhalten: Endlich rufen Sie bei dem kauzigen Netzwerkpartner an, der Ihnen einen Kontakt vermitteln könnte. Plötzlich haben Sie den Termin bei Ihrer Chefin, um Ihren nächsten Karriereschritt zu besprechen. Und Ihrem Mitarbeiter sagen Sie jetzt, was er ändern muss.

Kompakt: Einfach drauflosschreiben

■ Schreiben wird häufig vermieden, obwohl gute Texte karrierewirksam oder sogar für die berufliche Existenz entscheidend sind.

■ Es lohnt sich, die Hintergründe für Aufschieben und Vermeiden genauer anzuschauen. Machen Sie sich diese bewusst und verändern Sie Ihr Denken, Fühlen und Handeln so, wie es zu Ihnen passt. Ein fünfminütiger täglicher Fokussprint kann ebenso helfen wie ein Gespräch mit einer vertrauten Person.

■ Wenn Sie Ihre Schreibvermeidung überwinden, gewinnen Sie auch in anderen Bereichen dazu: Sie verstehen besser, warum Sie Dinge vermeiden und wie Sie das ändern können.

3. „Wie soll ich bei dem Stress auch noch schreiben?"

Wie Sie sich motivieren und konzentrieren

Wenn du es eilig hast, gehe langsam.

Lothar J. Seiwert, Zeitmanagement-Experte

Wie kann man zwischen Meeting, Büroorganisation und Telefonklingeln noch schnell die dreiseitige Dokumentation und die E-Mail-Antwort für einen anspruchsvollen Kunden verfassen? Wie schafft man auch im tosenden Büroalltag genug Ruhe zum Schreiben? Das folgende Beispiel zeigt, wie schwierig das oft ist – ein Dauerthema beim Schreiben im Job. Doch dafür gibt es Lösungen, zum Beispiel ein gutes Schreibmanagement oder die richtige Schreibstimmung. Dazu lesen Sie später mehr in diesem Kapitel.

Fallbeispiel

Sandra Bern

Die Assistentin in der Abteilung Öffentlichkeitsarbeit hält mit persönlichen Dankesbriefen, Gratulations- und Einladungsschreiben Kontakt zu besonders wichtigen Kunden. Seit einiger Zeit arbeitet sie am Nachmittag zu Hause weiter – und genießt es. Aus dem Radio im Küchenregal klingen leise Schuberts „13 Variationen über ein Thema". Zwischendurch schaut sie über die Vorgärten der Reihenhaussiedlung und trinkt ihren Kaffee. Sandra Bern arbeitet zu Hause sehr effektiv. Ganz anders im Büro: Dort fehlt ihr die Ruhe zum Schreiben, unfreiwillig hört sie jedes Telefonat ihrer Kollegin mit und ihr eigenes Telefon klingelt ohnehin ständig. Kollegen nutzen den Kopierer in ihrem Raum und bleiben gleich noch, um etwas zu besprechen. Zu langsam entstehen ihre Briefe und bleiben oft Stückwerk. Leider wird es mit dem Briefeschreiben in Heimarbeit bald vorbei sein: Ihr Chef will sie in der Firma präsenter haben und ihre Kolleginnen schauen sie schräg an, wenn sie vor 15 Uhr die Laptoptasche packt. Also muss sie sich für das Schreiben im Büro etwas einfallen lassen.

Anders als Sandra Bern verharren viele in einer schreibfeindlichen Büroumgebung und meinen, sie müssten sich einfach besser konzentrieren, dann würde es schon klappen mit dem Schreiben. Oder sie meinen, sie seien eben „schlechte Schreiber", wenn das Schreiben nicht wie erwartet gelingt. Doch mehr Schreibdisziplin allein reicht oft nicht, um schneller bessere Texte zu liefern. Denn es liegt in der Natur des Schreibens, dass Alltagsstress einen ausbremst und dadurch einen Teufelskreis auslöst:

- Konzentrierte Denkprozesse zu einem Thema kommen im Alltagsstress oft gar nicht erst in Gang. Denn klingelnde Telefone, neue E-Mails, Kollegen, die etwas von einem wollen und bevorstehende Meetings lassen die Gedanken abschweifen. Damit fehlt die wichtigste Voraussetzung für produktives Schreiben – das konzentrierte Denken. Die Textproduktion stockt.

- Dieses stockende Schreiben macht lustlos. Schließlich wünscht man sich flüssiges, inspiriertes Schreiben. Wer lustlos ist, konzentriert sich wiederum schlechter oder schiebt das Schreiben auf, schreibt weniger effektiv, formuliert weniger elegant.

- Das wiederum überträgt sich auf den Leser: Er spürt die fehlende Schreibenergie und ebenso lustlos liest er den Text. Der Autor bekommt negative – oder wahrscheinlicher: gar keine – Rückmeldungen zu seinem Text und schreibt den nächsten Text noch demotivierter.

Lassen Sie sich von dieser trüben Bestandsaufnahme nicht entmutigen. Mit den Hinweisen in diesem Kapitel können Sie gegensteuern: Mit Selbstmotivationsstrategien arbeiten Sie sich gedanklich trotz Stress effektiv in ein Thema ein. Sie wählen bewusst die Texte aus, die sich auch bei Zeitknappheit gut schreiben lassen. Und durch gutes Schreibmanagement schaffen Sie sich Ruhe und etablieren eine schreibfördernde Kultur in Ihrem Arbeitsumfeld.

Schreiben Sie sich in Stimmung

Jeder Einzelne kann etwas dafür tun, um trotz Alltagsstress gut zu schreiben. Der erste Ansatzpunkt: eine hohe Motivation. Wer motiviert zum Schreiben ist, wird eher geneigt sein, Stressfaktoren zu ignorieren und andere Aufgaben hintanzustellen. Wie soll ich mich denn mitten im Stress zum Schreiben motivieren, fragen Sie sich? Was in der Motivationspsychologie schon lange bekannt ist, wird in der Praxis oft vernachlässigt: Motivation entsteht durch Tun. Motivation entsteht nicht durch Selbstvorwürfe (Du müsstest jetzt aber endlich mal) oder durch Selbstversprechen (Übermorgen fange ich wirklich an), sondern dadurch, dass man die Aufgabe früh in leicht verdaulichen Portionen angeht. Probieren Sie deshalb an einem normalen Arbeitsalltag – nicht gleich unter Extrembedingungen – folgendes Vorgehen aus:

Schreibdenken vorschalten

Schalten Sie dem eigentlichen Text zwei bis fünf Minuten Schreibdenken vor: Notieren Sie möglichst viele Stichworte zu Ihrem Thema. Oder schreiben Sie fünf Minuten schnell, unzensiert und ohne zu pausieren alle Gedanken nieder, die Ihnen zu Ihrer Schreibaufgabe einfallen. Markieren Sie zentrale Begriffe oder Sätze, die Ihnen wichtig für Ihren Text erscheinen. Oder assoziieren Sie von einem zentralen Kernwort ausgehend in Stichwortketten in alle Richtungen. Diese und weitere Schreibdenktechniken lernen Sie im zweiten Teil des Buches bei Schreibsprints und Schreibmuskelaufbau kennen. Wenn Sie mehr Vorlaufzeit haben, können Sie auch mehr für Ihre Schreiblust tun: Schreiben Sie – möglichst täglich – fünf Minuten zur anstehenden Schreibaufgabe. Oder schreiben Sie stündlich fünf Zeilen, bevor Sie am Nachmittag mit dem Schreibprojekt beginnen. So kommen Denkprozesse in Schwung und neue Ideen sprießen. Das Thema wird greifbarer. Und ganz nebenbei schreiben Sie auch zügiger. Später nutzen Sie die Schreibdenknotizen als Inspirationsquelle und Formulierungssteinbruch für Ihren Text.

Einstiegsrituale kultivieren

Etablieren Sie kleine Rituale für den Schreibstart: Räumen Sie Ihren Arbeitsplatz auf, holen Sie frischen Tee, schließen Sie Ihr E-Mail-Programm und andere ablenkende Projekte auf Ihrem Desktop. Legen Sie Papier und Stift bereit. Die Rituale helfen, Stress abklingen zu lassen und sich auf bedächtiges und damit effektiveres Schreiben umzustimmen. Ihr Gehirn reagiert mit der Zeit verlässlich auf diesen Reiz und schaltet auf konzentriertes Denken und Schreiben um. Es entsteht ein Schreibreflex. So verkürzen Sie die Anlaufphase.

Anknüpfen

Auch dadurch steigen Sie schneller und besser ein: Wenn Sie bereits Vorarbeiten in irgendeiner Form notiert haben – Gedanken oder eine vorläufige Gliederung –, so knüpfen Sie bei der nächsten Schreibeinheit daran an. Lesen Sie Ihre Aufzeichnungen durch und beachten Sie jede Idee: Was fällt Ihnen Neues ein? Was fehlt? Wo verändern Sie vorteilhaft den Aufbau? Wo möchten Sie *jetzt* gerne weiterschreiben? Oder schreiben Sie bereits begonnene Texte weiter, indem Sie nur die letzten Zeilen Ihres bisherigen Textes lesen. So widerstehen Sie der Versuchung, zu überarbeiten oder sich in fern liegende Gedankengänge zu vertiefen.

Den Wiedereinstieg vorbereiten

Wenn Ihnen Wiedereinstiege schwerfallen, so gestalten Sie sie so leicht wie möglich: Beenden Sie eine Schreibeinheit damit, dass Sie der Schreiblust am nächsten Tag mit einer einfachen Tätigkeit den Weg bereiten. Schreiben Sie zum Beispiel schon den ersten Satz oder die wichtigsten Stichpunkte für den nächsten Abschnitt in Ihr Dokument.

So schreiben Sie effektiv trotz Zeitknappheit

Und wenn Sie zwar hoch motiviert und konzentriert sind, die Zeit aber dennoch knapp bemessen ist? Oder wenn Sie in einen Text mit niedriger Priorität einfach nicht viel Zeit investieren wollen? Nicht immer muss Zeitdruck weg, um einen Text aufs Papier zu bringen. Entscheiden Sie mithilfe der Tabelle, welche Texte Sie auch in einem kleinen Zeitfenster unterbringen können:

Das gelingt meist auch bei knapper Schreibzeit:	Das gelingt besser bei mehr Schreibzeit – verteilt auf mehrere Schreibtage:
• Berichten, beschreiben, planen	• Gut durchdacht argumentieren, überzeugen, begeistern
• Texte in einem Rutsch aus der momentanen Denkperspektive schreiben	• Gründlich durchdachte Texte mit verschiedenen Denkperspektiven schreiben, die sich mit der Zeit entwickeln
• Eine einfache Gliederung selbst erstellen oder eine vorgegebene nutzen	• Eine originelle Struktur für komplexe Themen planen und während des Schreibens weiterentwickeln
• Eine akzeptable Endfassung mit nur einem Überarbeitungsdurchgang schreiben	• Eine perfekte Endfassung mit mehreren Überarbeitungsdurchgängen schreiben

Sie sehen: Eine akzeptable Endfassung können Sie auch bei Zeitknappheit schreiben – schließlich muss nicht jeder Text perfekt werden.

Wenn Sie nur wenig Schreibzeit zur Verfügung haben und dennoch einen akzeptablen Text schreiben wollen, so haben sich die folgenden Techniken bewährt:

Fehler ignorieren

Das Wichtigste: Bleiben Sie beim Schreiben im Fluss und bringen Sie Ihre Gedanken zusammenhängend zu Papier. Ignorieren Sie alle Fehler, Wortlücken, Grammatikschnitzer und Denkschwächen, während Sie schreiben. Wenn Sie merken, dass eine Stelle nachgebessert werden muss, markieren Sie diese höchstens für später mit einem Sternchen oder einem Fragezeichen. Heben Sie sich alle Korrekturen für die Überarbeitungsphase oder für Zehn-Minuten-Einheiten zwischendurch auf.

Zeit am Stück

Trotz Zeitknappheit gilt: Nehmen Sie sich mindesten eine halbe Stunde Zeit am Stück: In dieser Zeit ist die Tür zu, Telefon und E-Mail-Empfang sind ausgeschaltet, Notizen, Recherchematerial usw. liegen griffbereit und in Sichtweite.

Schreibeinheit abschließen

Selbst wenn Sie mit dem Abschnitt, den Sie sich vorgenommen haben, nicht fertig werden, so vervollständigen Sie ihn zumindest mit Stichpunkten. So schließen Sie mit dem Gefühl ab, bei nächster Gelegenheit nur ausformulieren zu müssen und nicht mehr alles vor sich zu haben.

Trotzdem pausieren

Schieben Sie einminütige Minipausen ein, wenn Sie nicht mehr denken können. In diesen Pausen machen Sie das Gegenteil von dem, was das Schreiben ausmacht: Bewegen Sie sich, wenn Sie zuvor still gesessen haben; lassen Sie Ihre Gedanken kurz treiben, wenn Sie vorher hoch konzentriert waren; schauen Sie aus dem Fenster in die Ferne, wenn Sie vorher auf den Bildschirm gestarrt haben.

Schreibhürden umgehen

Wenn Sie nicht weiterkommen: Umgehen Sie vorerst die Hürden in dem Abschnitt, bei denen Ihr Schreibfluss stockt. Bearbeiten Sie sie später, aber noch in derselben Schreibeinheit. Erklären Sie sich selbst oder einem Zuhörer, worum es im Text geht bzw. gehen soll. Oder wechseln Sie den Schreibmodus und notieren Sie für eine Minute handschriftlich, vielleicht mit einer Skizze, was Sie eigentlich sagen wollen.

In Ruhe schreiben – So etablieren Sie gutes Schreibmanagement

Aber was tun, wenn Sie beim Schreiben ständig unterbrochen werden, der Kollege eine „wirklich sehr dringende" Frage besprechen will, das Telefon nicht ignoriert werden darf? So wie bei Sandra Bern, die deswegen am liebsten zu Hause schreibt, es aber in Zukunft nicht mehr tun darf? Dann heißt es, schreibfreundliche Rahmenbedingungen zu schaffen. Mit gutem Schreibmanagement.

Großzügige Zeiten blocken

Planen Sie die Zeit für Ihre Schreibaufgaben großzügig und tragen Sie sie als verbindlichen Termin in Ihren Kalender ein. Mindestens eine halbe Stunde, besser anderthalb Stunden sollten dafür im Kalender geblockt sein – je nach Arbeitsaufgabe und persönlichen Schreibvorlieben. Für anspruchsvolle und längere Texte planen Sie gleich bis zu drei Stunden Zeit ein. In Summe werden Sie dadurch meist weniger Zeit benötigen.

Sich rar machen

Vermeiden Sie während des Schreibens Kontakt. Denn jedes Telefonat, jede E-Mail reißt Sie aus Ihrem Schreibfluss heraus. Und der Wiedereinstieg kostet Kraft. Minimieren Sie zum Beispiel den Schreibstörfaktor Telefon: Leiten Sie Anrufe während einer Schreibeinheit zu Kollegen weiter. In manchen Arbeitskontexten ist es auch möglich, Telefonanrufe zeitweise zu ignorieren oder einen Anrufbeantworter zu aktivieren. Und auch wenn die Versuchung nachzuschauen groß ist: Schalten Sie das Signal für neu eingetroffene Nachrichten in Ihrem E-Mail-Programm aus.

Schreiben, wenn andere schlafen

Planen Sie Ihre Schreibzeiten azyklisch – vermeiden Sie hektische Tageszeiten und finden Sie heraus, zu welchen Zeiten die Arbeitssituation ohnehin ruhiger ist. Schreiben Sie zum Beispiel frühmorgens, in der Mittagspause oder am späten Nachmittag, also vor bzw. nach dem Hoch für Telefonate, E-Mails und Kollegengespräche.

Zum Beispiel Sandra Bern

Sandra Bern hat inzwischen einiges unternommen, um sich ihren Arbeitsplatz ähnlich schreibfördernd einzurichten, wie es die häusliche Küche für sie war. Nachdem sie zwei Wochen Protokoll geführt hat, um herauszufinden, welche Tageszeiten für das Schreiben am besten geeignet sind, schreibt sie nun in den späteren Nachmittagsstunden. Da schreibt sie mit dem guten Gefühl, die wichtigsten Arbeitsaufgaben des Tages erledigt zu haben. Ihre Kollegin ist zu der Zeit schon weg und mit ihrem Chef hat sie nach langen Diskussionen vereinbart, nach 16 Uhr keine Telefonanrufe mehr annehmen zu müssen. Der Kopierer steht jetzt im Flur. Sie kann auf dem Büroradio leise Musik einschalten. Und sie entdeckt erste Vorzüge: Sie fühlt sich professioneller als am häuslichen Küchentisch und merkt, dass sie sich dadurch in Briefen kürzer fasst und sicherer den richtigen Ton trifft.

In Hochform schreiben

Sind Sie Frühaufsteherin, die besonders morgens konzentriert und produktiv arbeiten kann? Oder sind Sie Spätstarter, der morgens schwer aus dem Bett kommt und erst gegen Abend und in der Nacht zu Höchstform aufläuft? Reservieren Sie im Kalender Ihre Denk-Bestzeiten für wichtige Schreibaufgaben.

Kollegiale Schreibkultur entwickeln

Verabschieden Sie sich gemeinsam mit Ihren Kollegen von dem Irrglauben, Schreiben könnte aus dem Nichts heraus und von einer Minute auf die andere gelingen. Das wird auch andere Schreibende entlasten. Unterstützen Sie sich gegenseitig beim ungestörten Schreiben: Etablieren Sie eine Schreibkultur, die es jedem zugesteht, bei wichtigen Schreibaufgaben so ruhig wie möglich zu arbeiten. Denn nicht Sie allein sind für ein gelungenes Schreibmanagement verantwortlich – Sie können Rücksicht erwarten und einfordern. Und wenn Sie wenig Unterstützung bekommen, müssen Sie offensiv Grenzen ziehen. Bitten Sie Ihre Kollegen um Rücksicht: „Ich schreibe gerade und muss mich sehr konzentrieren. Können wir über deine Frage in einer Dreiviertelstunde sprechen?" Vereinbaren Sie ein Ruhezeichen, wenn Sie gerade schreiben: Schließen Sie zum Beispiel die Tür

Ihres Büros, wenn diese sonst offen steht; stellen Sie eine Klappkarte gut sichtbar auf Ihren Schreibtisch oder bringen Sie ein Hinweisschild an. Warum sollte das Bitte-nicht-stören-Schild nur für Meetings mit Kollegen an der Tür hängen, warum nicht auch für Ihr Meeting mit Ihrem Text?

Spielräume sichern

Der Bestsellerautor und Projektmanagement-Experte Tom DeMarco nutzt in seinem Buch „Spielräume" das Bild des bekannten Schiebespiels, in dem ein Feld frei bleiben muss, um nach und nach die Quadrate in die perfekte Ordnung zu schieben – und überträgt es auf den Job. Was wäre, wenn es im Job dieses leere Feld mit unverplanter Zeit nicht gäbe? Es gäbe zwar ein Quadrat mehr – und damit eine etwas optimierte Effizienz –, aber keine Spielräume für kreative Entfaltung, flexibles Denken und innovatives Handeln. Wie beim Projektmanagement raubt auch beim Schreiben die alleinige Orientierung an Effizienz jegliche Kreativität. Damit versiegt die wichtigste Quelle für flexibles Denken während des Schreibens. Verplanen Sie Ihre Zeit deshalb nie restlos, sondern sichern Sie sich ein Minimum an Spielräumen im Arbeitsalltag.

Schreibfreundliche Unternehmenskultur etablieren

In Unternehmen und anderen Organisationen steht auch auf der Managementebene viel Arbeit an, um Schritt für Schritt eine Kultur zu schaffen, die das Schreiben aufwertet. Eine Kultur, die allen Mitarbeitern genau das zugesteht, was sie zum Schreiben brauchen – sei es Ruhe, sei es ein besonderer Schreibort, seien es ungewöhnliche Arbeitszeiten oder kreativitätsfördernde Räume und Schreibmaterialien.

Karriere-faktor

Ruhe schaffen

Wem es gelingt, Ruhe für seine Schreibaufgaben zu schaffen, der hat einen wichtigen Schritt auf dem Weg zum besseren Schreiben getan. Denn die Stimmung des Autors vermittelt sich dem Leser nicht weniger direkt als die Stimmung des Redners dem Publikum. Sind Sie gestresst, so werden auch Ihre Leser diesen Eindruck gewinnen – oder sich selbst beim Lesen gestresst fühlen. Setzen Sie sich dagegen entspannt an Ihre Texte, so lesen Ihre Leser ebenso entspannt – und sind dankbar.

Weiterer Effekt: Schreiben ist ein guter Anlass, sich auf sich selbst zu besinnen und zu sich zu finden. Wenn Sie Ihren Arbeitsplatz so gestalten, dass Sie ungestört denken und schreiben können, so haben Sie damit nicht nur Raum für gute Texte geschaffen. Zugleich finden in diesen Spielräumen auch kreatives Denken, Selbstbesinnung und Fokussierung auf das Wesentliche statt – wichtige Faktoren für jeglichen Erfolg. Darüber hinaus erobern Sie sich mit gutem Schreibmanagement eine Basiskompetenz für die Arbeit unter Stress, die Ihnen bei Ihrer Karriere helfen wird: die Fähigkeit, gegenüber Störungen und Unterbrechungen so konsequent Grenzen zu setzen, dass Sie Ihre Produktivität auch gegen Widerstände bewahren.

Kompakt: Schreiben kultivieren

- Stress erschwert das Schreiben: Er erzeugt Zeitdruck, lenkt ab, macht lustlos und verhindert produktives Schreiben.

- Wenn Sie Ihre Schreiblust durch kontinuierliche Schreibdenknotizen stärken, zieht es Sie von selbst mehr zum Schreiben – und damit weg vom Alltagsstress. Denn Motivation entsteht durch Tun.

- Finden Sie heraus, welche Texte Sie mit welchen Techniken auch bei Zeitknappheit schreiben können.

- Sie brauchen ein gutes Schreibmanagement, um sich den Rücken fürs Schreiben frei zu halten. Etablieren Sie eine neue Schreibkultur in Ihrem Arbeitsumfeld.

4. „Mein Chef will den Supertext, und zwar sofort"

Wie Sie unter Druck effektiv schreiben

Gut ist besser als perfekt.

Doris Märtin, Autorin und Texterin

Wer Nein sagen kann, konzentriert sich aufs Wesentliche.

Stefanie Kunz, Organisationsberaterin und Coach

Wieder einmal muss ein perfekter Text her – Erfolgsdruck vorprogrammiert. Und am besten jetzt gleich, auf jeden Fall noch heute – Zeitdruck inklusive. Fertig ist eine Anforderungsmischung, die kreatives Denken und Schreiben hemmen oder ganz blockieren kann, wie bei dem folgenden Mitarbeiter.

Fallbeispiel

Andreas Ahrend

Der Mitarbeiter einer Bürogerätefirma textet Produktbeschreibungen, zum Beispiel für die Firmenwebsite, und beantwortet Kundenfragen. Er blickt selten über seinen Monitor hinaus. Er tippt, löscht, schreibt neu, löscht wieder, verschiebt und korrigiert. Kein Text geht nach außen, ohne als Papierversion über den Schreibtisch seiner Chefin gewandert zu sein. Und die liest meist mit gerunzelten Augenbrauen, markiert üppig mit Farbstift und hält Andreas Ahrend mit Änderungswünschen auf Trab. Wenn er gute Texte schreibt, ist dies für ihn die einzige Möglichkeit, von seiner überkritischen Chefin gelobt zu werden. Meist jedoch kritisiert sie ihn, im Abteilungsmeeting auch vor zwölf Leuten. Andreas Ahrend fühlt sich ausgebrannt und frustriert. Gute Texte gelingen ihm immer seltener, obwohl er mehr Zeit investiert als früher: Er ringt um Formulierungen und sein Denken ist zu eng für gute Textideen.

Druck beim Schreiben kennt fast jeder. Denn wer schreibt, steht bei Vorgesetzten, Kunden, Kollegen und vor sich selbst auf dem Prüfstand. Ob der Druck sich jedoch so massiv auswirkt wie bei Andreas Ahrend, liegt in Ihrer Hand. In diesem Kapitel erfahren Sie, wie Sie unter Druck wieder selbst steuern und gestalten können, statt sich getrieben zu fühlen.

So verringern Sie Druck

Gehören Sie zu den Menschen, die sofort durchstarten, wenn jemand signalisiert: Das muss perfekt werden? Oder gehen Sie mit dieser Haltung an neue Aufgaben heran: Erst mal sehen, ob es wirklich so eilig und perfekt sein muss. Die zweite Reaktion ist die gesündere und zugleich die, die Ihnen erst die Wahl gibt, sich je nach Sachlage zwischen Durchstarten oder Ausbremsen zu entscheiden. Viele Menschen reagieren jedoch auf Zeit- und Erfolgsdruck, indem sie sich selbst oder anderen sofort Druck machen. Sie treiben sich an und erhöhen das eigene Arbeitstempo, geben Druck an Mitarbeiter oder Kollegen weiter. Sie versuchen, den Druck irgendwie auszuhalten und dabei einigermaßen die Ruhe zu bewahren. Nicht immer reicht dieser Weg, um auch langfristig fit – und schreibfit – zu bleiben. Andreas Ahrend ist zum Beispiel ein Mitarbeiter, der durch den Druck ausbrennt, den er ungefiltert von seiner Chefin in Empfang nimmt. Deshalb wurden seine Texte zusehends schlechter. Beim Schreibcoaching thematisierten wir deshalb die konkreten Texte viel weniger, als er erwartet hatte. Wir beschäftigen uns stattdessen mit seinem Umgang mit Druck. Er begann schließlich, mit seiner Chefin über konstruktivere Formen der Kritik zu sprechen und ihr zu vermitteln, was ihre überzogenen Ansprüche bei ihm auslösten. Das Arbeitsklima verbesserte sich. So wie er können auch Sie sich mit der Zeit einen gesunden und schreibfördernden Umgang mit Druck erarbeiten. Das Grundrezept gegen Druck lautet innezuhalten – und damit die Kontrolle wieder zurückzugewinnen. Das erreichen Sie auf folgenden Wegen:

Innehalten

Halten Sie inne und fragen Sie sich: Wie gut muss der Text wirklich werden – welches Ziel wird damit verfolgt? Greift hier vielleicht das Pareto-Prinzip – die bekannte 80:20-Regel –, das besagt, dass ein kleinerer Teil einer Menge einen sehr viel größeren Wert ausmacht, als es seinem Anteil an der Gesamtmenge entspricht. Danach erreicht man in nur 20 Prozent der Zeit 80 Prozent der Ergebnisse, und so enthalten zum Beispiel auch 20 Prozent eines Schreibens 80 Prozent des Informationswertes. Vielleicht reichen 80 Prozent, und Sie können dadurch viel Energie und Zeit sparen. Die Herausforderung beim Pareto-Prinzip ist, herauszufinden, welche 20 Prozent die wichtigen sind. Oft hilft schon allein die ungewohnte Sichtweise, dass 80 statt 100 Prozent reichen könnten.

Finden Sie auch heraus, welchen Zeitdruck es wirklich gibt – oder reicht jemand seinen eigenen Druck nur unreflektiert an Sie weiter und es kommt objektiv gesehen auf zwei Tage gar nicht an? Versuchen Sie, das im Gespräch herauszufinden und denjenigen, der Druck macht, zu beteiligen: „Kann ich morgen meine Gliederung mit Ihnen besprechen? Können Sie übermorgen meinen ersten Entwurf gegenlesen?"

Die folgenden Vorschläge geben Ihnen weitere Anregungen, wie Sie mitten in einer Druck erzeugenden Situation innehalten können.

Positive Bilder entwickeln

Halten Sie eine Minute inne, indem Sie sich entspannen und sich so lebendig und detailliert wie möglich Ihr gelingendes Schreibprojekt vorstellen. Lassen Sie vor Ihrem inneren Auge einen Film ablaufen, in dem Sie sich ausmalen, wie Sie Ihren Text fertigstellen, die letzten Zeilen formatieren, ihn ausdrucken, wie Sie Anerkennung und Wertschätzung dafür ernten, was Ihr kritischer Projektleiter dazu sagt usw. Malen Sie sich auch detailliert aus, wie Sie während des Schreibens gelassen und mit Freude schreiben. Diese eine Minute kann die gesamte Schreibphase positiv beeinflussen.

Sich angstfrei denken

Druck ist der Bruder der Angst. Wenn Sie unter Druck geraten, so spielen immer Ängste eine Rolle: die Angst, nicht rechtzeitig fertig zu werden; die Angst, nicht zu genügen; die Angst, den Chef zu enttäuschen. Angst wiederum ist einer der größten Denk- und Kreativitätshemmer. Im zweiten Kapitel haben Sie schon einige Methoden kennengelernt, um Angst zu lösen: darüber schreiben, darüber reden – und Ausdauersport. Eine weitere Möglichkeit des Umgangs mit der Angst sind Was-wäre-wenn-Gedankenspiele. Die entlasten, weil Sie damit aus der bedrückenden Situation aussteigen und ein verändertes Szenario proben: Was wäre, wenn … ich den Text an meinen Mitarbeiter delegieren würde? … ich meine Chefin vor die Wahl stellte: entweder ein guter Text mit mehr Zeit oder eine Stichwortliste? … wenn ich meinen Chef bitte, auch mal Anerkennung und nicht immer nur Kritik zu äußern? Sie erweitern damit Ihr eingeengtes Denken, erproben in der Vorstellung neue Möglichkeiten, empfinden diese mit der Zeit als weniger abwegig – und schließlich als so interessant, dass Sie sie umsetzen möchten.

In kleine Häppchen aufteilen

Mit dieser Methode können Sie Druck besser kontrollieren und sogar für sich nutzen. Gerade Zeitdruck hat für manche Menschen auch sein Gutes: Unter Druck bleibt zwischen Aufschieben und Drauflosschreiben keine Wahl. Teilen Sie Ihre Schreibaufgabe in kürzere, leichter zu bewältigende Schreibportionen ein und setzen Sie sich selbst eine Frist. Dadurch strukturieren Sie Ihr Schreiben und kommen nicht in einen schreibhemmenden Abgabedruck. Sie arbeiten wieder selbstbestimmt. So wie Martina Müller, die vorzeitig statt zeitig und damit weitgehend druckfrei schreibt und mit ihren Texten inzwischen so früh fertig ist, dass sie genug Zeit für gründliches Überarbeiten gewinnt.

Martina Müller

Die selbstständige Einzelunternehmerin arbeitet ihre Schreibprojekte – Angebote, Arbeitsdokumentationen, Briefe – diszipliniert und strukturiert ab. Auf ihrer Schreibtischunterlage kleben Zettel mit strengen Zeitplänen für verschiedene Texte. „Gliederung mit Notizen: Dienstag früh. Rohtext: Mittwochabend. Überarbeitete Endfassung: Donnerstagmittag." Strikt hält sie sich an ihre Zeitpläne. Wo sie unzufrieden mit sich ist, bessert sie beim Überarbeiten noch nach – der Rest bleibt eben unperfekt.

Für Martina Müller ist dieses Vorgehen aus mehreren Gründen sinnvoll: Sie ist diszipliniert genug, um sich an ihre eigenen Pläne zu halten; sie braucht Pläne, um konzentriert arbeiten zu können und neigt zu Perfektionismus: Diesen selbst gemachten Druck kann sie mithilfe ihrer strengen Zeitpläne eindämmen, weil sie einfach keine Zeit für 100 Prozent perfekte Texte hat. Gegen Perfektionismus gibt es noch eine ganze Reihe weiterer Strategien. Die lernen Sie im Anschluss kennen.

Erfolgsdruck: So vermeiden Sie die Perfektionismusfalle

Perfektionismus ist einer der kraftvollsten Schreibhemmer und zugleich der Druckfaktor Nummer eins. Meist entsteht er im eigenen Kopf. Aber auch der Perfektionismus von Vorgesetzten, Kollegen und anderen Lesern hemmt das Schreiben. Besser werden Texte durch Perfektionismus nicht unbedingt: Wer den eigenen Perfektionismus über die Leserinteressen stellt und all das unterbringen will, was sein hoher Anspruch ihm diktiert, produziert mitunter überladene Texte. In diesem Sinne titelt auch die Sachbuchautorin und Texterin Doris Märtin bei einem ihrer Bücher: „Gut ist besser als perfekt". Wie also kann man sich von perfektionistischen Ansprüchen beim Schreiben entlasten – zusätzlich zum Vorgehen von Martina Müller?

Stoppsignal für den inneren Kritiker

Den inneren Kritiker haben Sie als Faktor für Schreibvermeidung bereits kennengelernt. Vielleicht haben Sie inzwischen auch beobachtet, wie er Ihr Schreiben oder andere Tätigkeiten kommentiert und kritisiert. Wer sich während des Schreibens selbst kritisiert, der wird nicht mehr frei und originell schreiben können. Wer sich seinen Chef vorstellt, wie er mit genervtem Zischen das letzte Protokoll überfliegt, schreibt unfrei. Wer noch im Ohr hat, wie die Kollegin letzte Woche ins Zimmer kam und mit einem entschiedenen „So können Sie das nie rausschicken!" mit dem Förderantrag vor Ihrer Nase herumwedelte, bremst sich damit aus. Da hilft oft nur eine radikale Unterbrechung. Die Methode „Gedankenstopp" stammt aus der Psychotherapie und funktioniert bei allen Arten des negativen inneren Selbstgesprächs. Dabei brechen Sie negatives Denken mit einem deutlichen „Stopp" ab – in Gedanken oder laut ausgesprochen. Anschließend setzen Sie positive Gedanken dagegen.

> Innerer Kritiker: Was schreibst du denn wieder für Zeug?
> Schreiber: Stopp!
> Innerer Kritiker: Und das dauert ewig! Andere schreiben viel schneller. Außerdem ...
> Schreiber: Stopp! Jetzt reicht es! Das ist schon ganz gut gelungen. Und überarbeiten tue ich sowieso erst später.

Selbstzensur ausschalten

Die Selbstzensur sorgt dafür, dass bestimmte Ideen, Formulierungen und Wörter gar nicht bis in Ihr Bewusstsein und aufs Papier gelangen. Je perfektionistischer jemand schreibt, desto stärker ist oft die Selbstzensur. Doch damit ersticken Sie auch gute Ideen, die einem Text auf den zweiten Blick den entscheidenden Kick geben könnten. Überlisten Sie Ihre Selbstzensur, indem Sie bei der ersten Textversion davon ausgehen, dass den Text niemand zu lesen bekommt: Das, was Sie gerade schreiben, ist einfach für die Schublade, ein Versuch, eine Aufwärmversion des eigentlichen Textes. Das „richtige" Schreiben kommt später. Wenn Sie hinterher sehen, dass Sie den Text doch verwenden können umso besser. Nur ein simpler Trick? Er funktioniert bei vielen Schreibern. Probieren Sie es aus. Vielleicht kommen sie dabei auf weitere Ideen, um Ihre Selbstzensur zu umgehen, die noch besser zu Ihnen passen.

Perfektionismus-Auswirkungen prüfen

Prüfen Sie Ihren bisher geschriebenen Text zwischendurch daraufhin, ob Ihr Perfektionismus ihn vielleicht sogar schlechter macht: Ufern Sie an verschiedenen Stellen aus, weil Sie alles unterbringen wollen? Wirkt der Text überladen und ohne Schwerpunkt? Fragen Sie sich, was Perfektionismus für Sie bedeutet: Unangreifbar zu sein, indem Sie jeden Einwand vorwegnehmen? Alles in den Bericht hineinzuschreiben, um jeder Kritik vorzubeugen? Abgabefristen zu überziehen, wenn unwichtige Details fehlen?

Ansprüche an andere reflektieren

Wie hoch sind eigentlich Ihre Ansprüche an andere? Wo setzen auch Sie andere unter Druck? Wo würde ein Mitarbeiter ohne Ihren Druck besser arbeiten? Was passiert, wenn andere Ihre Ansprüche nicht erfüllen? Mit diesen Fragen können Sie Ihre eigenen Erwartungen gegenüber anderen reflektieren und viel darüber herausfinden, wie Sie sich selbst unter Druck setzen. Denn meist geht man mit anderen Menschen ähnlich um wie mit sich selbst. Wie wäre es zum Beispiel, Kollegen nachsichtiger bewerten? Und wenn Sie dann feststellen, dass Sie ohne Druck oft mehr erreichen: Wäre das ein guter Anlass, auch sich selbst weniger Druck beim Schreiben zu machen? Und lässt dadurch die Angst nach, von Lesern überkritisch bewertet zu werden?

Früh aushandeln

Soll ein wirklich erstklassiger Text entstehen, so handeln Sie mit Ihrem Chef gleich zu Beginn günstige Bedingungen aus: „Ich tue mein Bestes, um das Angebot rechtzeitig fertig zu schreiben. Doch wenn der Text diese hohe Priorität hat, wäre es dann möglich, die Kalkulation dafür um drei Tage nach hinten zu verschieben?" Damit gestehen Sie zwar ein, dass Sie nicht alles zugleich schaffen können, doch möglicherweise gewinnen Sie dadurch genau die Freiräume, um einen perfekten Text überhaupt erst schreiben zu können. Oder wenn die schnelle Fertigstellung die höchste Priorität hat, benennen Sie das Machbare, um sich selbst für das Schreiben zu entlasten: „Ich kann Ihnen in einer Dreiviertelstunde zwar einen passablen, aber keinen perfekten Text liefern. Eine gründliche Überarbeitung kann in dieser Zeit nämlich nicht mehr stattfinden."

Karriere-faktor

Innehalten

Das Wörtchen „muss" könnten die meisten Schreibenden viel häufiger infrage stellen, als sie es im Alltagsstress tun. Nehmen Sie den Druck nicht mehr sofort an, sondern hinterfragen Sie genau, ob Sie die jeweiligen Ziele damit wirklich besser erreichen. Egal, ob der Druck von außen oder von Ihren eigenen Ansprüchen kommt.

Diese veränderte Einstellung gegenüber Druck können Sie auf andere Themen und Beziehungen übertragen: Wenn Sie nicht gleich zu allen Anforderungen Ja sagen, wirken Sie selbstbewusster und werden eher auf Augenhöhe akzeptiert.

Kompakt: Innehalten, wenn der Druck am größten ist

- Druck ist einer der wichtigsten Schreibhemmer und für viele Schreibende ein ständiger Begleiter. Auch wenn Sie den Druck nicht loswerden, so können Sie doch lernen, besser mit ihm umzugehen.

- Halten Sie inne und hinterfragen Sie, wie notwendig der Druck eigentlich ist. Trainieren Sie Ihre Vorstellungskraft, setzen Sie Ihrer Angst neue Denkweisen entgegen und nutzen Sie selbst gesetzte Fristen, um selbstbestimmter zu schreiben.

- Bremsen Sie Ihren Perfektionismus, indem Sie innere kritische Stimmen verändern, sich weniger selbst zensieren und eigene Ansprüche an andere reflektieren.

- Bauen Sie vor, indem Sie fremde Erwartungen relativieren und entlastende Bedingungen aushandeln: Ein erstklassiger Text entsteht nicht in 15 Minuten – und das können Sie auch so vermitteln.

5. „Ich schreib einfach drauflos ..."

Wie Sie mit Struktur und rotem Faden schreiben

Er sagt es klar und angenehm, was erstens, zweitens und drittens käm.

Wilhelm Busch

Die Lesegewohnheiten haben sich verändert. Gute Texte von heute zeigen den Lesern ihren Weg durch den Lesestoff auf den ersten Blick. Ein unstrukturierter Text ohne roten Faden dagegen verwirrt und demotiviert: Nach dem ersten Überfliegen legt der Leser ihn zur Seite oder versucht mühsam, sich selbst eine Struktur zu erarbeiten. Damit Ihre Texte nicht ungelesen weggeklickt werden oder im Papierkorb landen, lesen Sie später in diesem Kapitel, wie Sie Ihre Gedanken und anschließend Ihre Texte klug strukturieren. Warum eine klare Struktur heute wichtiger denn je ist, erfahren Sie gleich im Anschluss.

Zeitknappheit

Der erste Grund für das große Strukturbedürfnis von Lesern im Job: Sie haben es eilig. Der ganz normale Arbeitsstress zwingt dazu, zeitsparend zu lesen. Beim ersten Blick auf einen Text haben Leser deshalb oft drei Fragen im Kopf: Lässt sich dieser Text schnell lesen? Interessiert mich der Inhalt genug, um ausführlich zu lesen? Bekomme ich durch Überfliegen der Überschriften bereits genug Informationen – auch ohne ausführliches Lesen? Die Antworten auf diese Fragen braucht der Leser, um effizient zu lesen. Eine klare Struktur gibt ihm diese Antworten.

Informationsaufnahme

Der zweite Grund, warum Leser Struktur brauchen: Sie hilft dem Gehirn dabei, Informationen besser aufzunehmen und in die innere Landkarte des Denkens zu integrieren. Menschen wollen sich rasch zurechtfinden und neue Inhalte ihren vertrauten Denkstrukturen zuordnen. So wie Straßenschilder dabei helfen, sich in einer fremden Stadt zurechtzufinden, helfen Überschriften und andere Strukturelemente bei der Orientierung im Text.

Lesegewohnheiten

Die veränderten Lesegewohnheiten sind der dritte Grund, der für eine deutliche Strukturierung spricht: Überall in guten Texten finden Sie heute zahlreiche Überschriften, aufgebrochene Textblöcke und kurze Leseeinheiten – Text in leicht verdaulichen Portionen. Lesende haben sich längst an diesen hohen Strukturierungsgrad gewöhnt und erwarten ihn von jedem Text. Eine Bleiwüste dagegen schreckt ab und lässt manchen Leser schon vor dem Lesen aufgeben. Oder motiviert Sie der folgende Text zum Lesen?

Strukturiertes Schreiben bietet aber nicht nur einen Leserservice für schnelles Zurechtfinden. Zugleich hilft Ihnen das Strukturieren dabei, Ihre Gedanken für den nächsten Text, die nächste Präsentation oder das nächste Meeting zu klären. Doch wann ist dafür der richtige Zeitpunkt?

So schmieden Sie Ihre Pläne rechtzeitig

Fallbeispiel

Verena Monte

Die Grafikerin in einer kleinen Werbeagentur schreibt nur ab und zu längere Texte, dann sind es meist Angebote oder Konzepte. Heute hat sie genau eine halbe Stunde Zeit zwischen zwei Meetings. Sie wirft einen Blick auf ihre Armbanduhr. Die ersten Seiten des Konzepts kann sie schaffen. Sie setzt sich an ihren Computer und fängt sofort an zu tippen. Und dann ist es wie fast jedes Mal, wenn sie schreibt: Zu Beginn macht ihr das Schreiben noch Spaß, aber irgendwann merkt sie, dass sie beim Schreiben auf Abwege gerät und nicht wieder zu dem zurückfindet, was sie eigentlich sagen wollte. Auch heute wird ihr Text länger und länger. Sie verliert den Überblick: Was war noch mal die Hauptaussage in dem Abschnitt? Habe ich das schon geschrieben und wenn ja, wo? Wie bringe ich jetzt die anderen Informationen unter?

Verena Monte fehlt beim Schreiben die Struktur und damit der Überblick über den eigenen Text. Sie verliert Zeit, weil sie später Textblöcke verschieben, Übergänge korrigieren und massiv kürzen muss. Zeit, die sie eigentlich in einen Routinetext nicht investieren will. Schaut man sich an, wie sie beim Schreibprozess vorgeht, wird schnell klar: Bei ihr fehlt ein entscheidender Schreibschritt. Dazu sehen Sie hier ein Modell des Schreibprozesses mit sieben Phasen, an denen Sie sich beim Schreiben grob orientieren können.

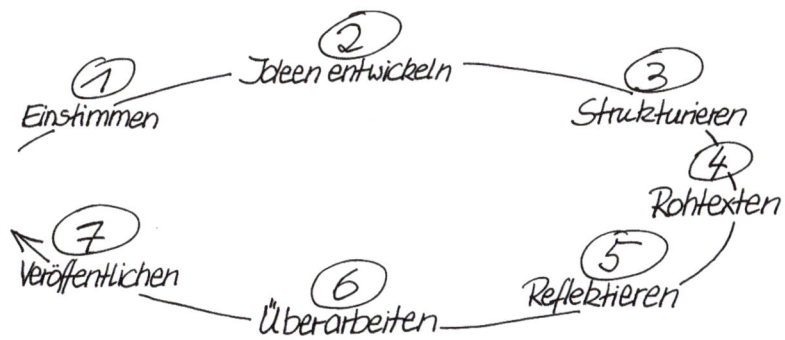

Nach dem Einstimmen und ersten Ideennotizen müsste Verena Monte im dritten Schritt den Aufbau planen und erst im vierten Schritt diese Gliederung mit Rohtext füllen.

Denn das Strukturieren ist bei beruflichen Texten in der Regel die dritte Phase. Wer es jedoch eilig hat, überspringt oft eine der ersten Phasen, strukturiert nicht konsequent und versucht, sofort die Endfassung zu schreiben – meist zu früh für einen gelungenen Text. Ausnahmen: Sie sind ein besonders geübter Schreiber oder Sie schreiben einen Standardtext, den Sie ähnlich schon viele Male verfasst haben.

Wie Sie persönlich beim Schreiben am besten vorgehen und Ihren Schreibprozess gestalten, erfahren Sie in der Trainingseinheit „Fitness-Check". (siehe auch „Hintergrund" nächste Seite)

Ich möchte Sie dazu ermutigen, Ihre Schreibstrategien bewusst einzusetzen. Nutzen Sie beispielsweise unterschiedliche Strategien für verschiedene Schreibanforderungen:

- Strukturieren Sie früh und streng, wenn Ihre Ziele und Inhalte schon weitgehend klar sind, wenn es bei Ihrem Text nicht darum geht, neue Gedanken zu entwickeln und wenn Sie wenig Zeit zur Verfügung haben. Oder wenn Sie den Text früh mit anderen absprechen wollen. Briefe, E-Mails, Protokolle, Angebote und Berichte entstehen in der Regel mit früher Strukturplanung.

● Strukturieren Sie spät, wenn Ziel und Inhalt des Textes noch unklar sind, Kategorien und Raster noch fehlen. Zum Beispiel, wenn Sie bei einer Problemanalyse selbst noch nicht recht wissen, wie das Kernproblem eigentlich aussieht.

Die zwei Schreibtypen – Planer und Drauflosschreiber

So hilfreich ein Phasenmodell für die Orientierung auch ist, so individuell schreibt doch jeder Einzelne. Die Schreibforschung hat herausgefunden, dass es zwei unterschiedliche Schreibtypen – mit allen Mischformen – gibt: den Planer und den Drauflosschreiber.

Der Planer hat vor dem Schreiben die Gliederung schon im Kopf und schreibt dann entsprechend strukturiert seinen Text. Er braucht diese Struktur, um gut schreiben zu können. Da der Planer seine Struktur eher streng verfolgt, entwickelt er beim Schreiben seine Gedanken nicht mehr wesentlich weiter. Dafür hat er bald einen fertigen Text, der ohne Abschweifungen daherkommt. Diese Schreibstrategie ist in den meisten Fällen im Job besonders effizient.

Dagegen schreibt der Drauflosschreiber früh und ohne feste Struktur. So wie Verena Monte bringt er seine Einfälle auch ungeordnet zu Papier. Er schweift dabei manchmal ab, verliert den Faden, ufert aus und braucht mehr Zeit. Dafür erntet er während des Schreibens neue Denkfrüchte, erfährt, wo es hingehen soll und kann mithilfe dieser neuen Ideen nach und nach eine Struktur aufbauen. So entwickelt er ein Schreibthema häufig mit originellen inhaltlichen Wendungen.

Diese beiden Schreibtypen sind weder unveränderlich noch erscheinen sie immer in Reinform. Viele Schreibende sind Mischtypen, die – abhängig von Zeit, Aufgabe und Stand der eigenen Überlegungen – einmal früh, einmal spät strukturieren.

Nun wissen Sie, *wann* Sie während des Schreibens zu einer Struktur finden können. Daran schließt sich die nächste Frage an: *Wie* komme ich zu einer klaren Struktur?

Visuelles Denken für komplexe Gedanken: So behalten Sie den Überblick

Wie gehe ich vor, wenn ich eine neue Struktur planen muss? Wie behalte ich den Überblick über mein Schreibprojekt? Diese Fragen stellen sich bei kleineren Schreibprojekten manchmal, bei großen immer. Sind Sie daran gewöhnt, mit einem herkömmlichen Inhaltsverzeichnis zu gliedern? Dann bekommen Sie hier neue Anregungen, um einmal anders – nämlich visuell – zu gliedern und dadurch einen besseren Überblick und andere Ergebnisse zu erhalten. Und mit mehr Spaß zu strukturieren. Mit kreativen Strukturierungstechniken nutzen Sie Ihr Denkpotenzial optimal, denn Sie können abstrakte Beziehungen sowohl sprachlich und logisch als auch bildlich darstellen. Das brauchen Sie besonders für komplexe und längere Schreibprojekte, die man nicht in einem Rutsch aufschreibt.

Die mit Abstand bekannteste visuelle Gliederungstechnik ist das Mindmapping, entwickelt von dem Gedächtnistrainer Tony Buzan: Von einem Kernthema ausgehend werden Hauptäste mit den wichtigsten Facetten des Themas sternförmig angeordnet. Daran schließen Zweige und Unterzweige in den nächsten Hierarchieebenen an. Die Darstellungsform ist dem radialen Denkmuster des Gehirns nachempfunden: Auch dabei strahlen assoziative Denkvorgänge von einem Mittelpunkt in die Peripherie aus. Eine Mindmap vereint bildliche und sprachliche Elemente in einem komplexen und jedes Mal einzigartigen Gebilde, ist einprägsam und kreativitätsfördernd zugleich und wahrt den Überblick über ein Schreibprojekt. Die Hierarchie einer Gliederung bildet sich radial von innen nach außen ab statt linear von oben nach unten wie bei einer herkömmlichen Gliederung.

Als Beispiel sehen Sie hier eine schlichte Mindmap mit zwei Gliederungsebenen, bei der unter dem Oberbegriff „Sachbücher" die drei Buchgattungen Ratgeber, Sachbuch und Fachbuch mit den Merkmalen Zielgruppe und Ladenpreis vorgestellt werden.

Möchten Sie Ihren Text mit visuellen Gliederungstechniken einmal anders planen, so probieren Sie den folgenden Dreischritt aus:

1. Visuell gliedern

Im ersten Schritt wählen Sie eine visuelle Gliederungstechnik, die Ihren Vorlieben entspricht und zu Ihrem Textprojekt passt. So eignet sich das Mindmapping gut dafür, die Facetten eines Themas hierarchisch und im Überblick abzubilden und neue Ideen anzufügen. Aber auch eine lineare Gliederung können Sie mit Symbolen, Pfeilverbindungen und farbigen Hervorhebungen übersichtlicher und kreativer entwickeln – sinnvoll zum Beispiel für kleine Schreibprojekte, für eine detaillierte Abschnittsplanung oder für Mindmapping-Ungeübte. Generell gilt: Jede Mindmap kann auch als lineare Gliederung dargestellt werden – und umgekehrt. Hier sehen Sie die Mindmap von vorhin in der gewohnten linearen Darstellungsform. Was liegt Ihnen mehr?

„*Sachbücher*"

1 Ratgeber
   1.1 für Betroffene
   1.2 Preis niedrig

2 Sachbuch
   2.1 für Interessierte
   2.2 Preis mittel

3 Fachbuch
   3.1 für Profis
   3.2 Preis hoch

2. Den roten Faden spinnen

Im zweiten Schritt erstellen Sie mithilfe der visuellen Gliederung zügig einen Überblick über Ihre Inhalte: Sie schreiben zu jedem Gliederungspunkt zwei bis drei Sätze flüssig hintereinander hin, ohne zu grübeln und innezuhalten. Je nach Textlänge spinnen Sie damit innerhalb weniger Minuten, höchstens jedoch in zwanzig Minuten, einen roten Faden. Später während des Rohtextens können Sie jederzeit auf diesen roten Faden zurückgreifen, um sich nicht in Einzelheiten zu verlieren oder die Textlänge zu überschreiten.

3. Mit Textpfaden feingliedern

Im dritten Schritt planen Sie die sogenannte Feinstruktur: Jeder Textabschnitt, in dem Sie einen Gedankengang ausführen, ist wiederum in sich strukturiert. Ein Beispiel: In einem Abschnitt stellen Sie eine Behauptung auf. Mit ein bis drei Gründen untermauern Sie diese These und führen eventuell noch ein Beispiel dazu an. Weitere Beispiele: Sie beschreiben einen Wenn-dann-Bezug. Oder Sie erklären einen Handlungsablauf mit einer chronologischen Abfolge von Schritten. Oder Sie planen eine Aufzählung als ausformulierten Text. Um diese Feinstruktur des einzelnen Textabschnitts zu planen, bietet sich eine Mindmap weniger an, da nicht mehr die Hierarchieebenen wichtig sind, sondern der lineare Schritt-für-Schritt-Verlauf im Text.

Dafür skizzieren Sie einen Textpfad mit den Strukturelementen Ihres Gedankengangs. Sie notieren zum Beispiel „Einleitung" und umkreisen das Wort. Es folgt das nächste Strukturelement, „These 1", und Sie umranden es zum Beispiel mit einem Sechseck. Und so weiter. Schließlich notieren Sie die „Überleitung" zum nächsten Abschnitt. Ein rasch skizzierter Textpfad kostet Sie ein oder zwei Minuten – und Sie gewinnen möglicherweise Stunden.

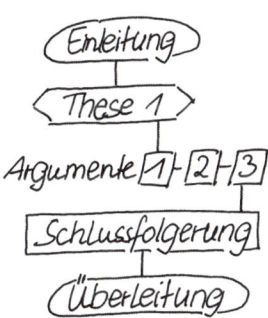

Die optische Struktur: So zeigen Sie dem Leser, wo's langgeht

Sie wissen nun, wann und wie Sie Texte am besten strukturieren. Nun geht es noch darum, wie Sie diese Struktur Ihren Lesern wirkungsvoll zeigen. Denn Sie wissen ja, der Standardleser im Job hat es eilig. Er braucht so viele Hinweisschilder wie möglich, um effizient lesen zu können. Versuchen

Sie also, optische Strukturelemente konsequent in Ihre Texte zu integrieren. Dazu sehen Sie den Inhalt der Bleiwüste vom Kapitelbeginn – hier als Beispiel mit besonders vielen optischen Strukturelementen umgestaltet:

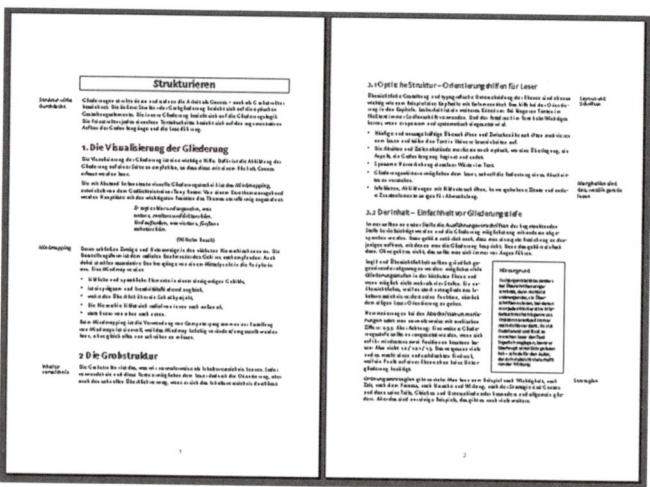

- Häufige und aussagekräftige Überschriften und Zwischenüberschriften motivieren zum Lesen und teilen den Text in kleinere Leseeinheiten auf. Für die verschiedenen Überschriftenebenen sollten Sie sehr unterschiedliche Formatierungen wählen.

- Die Absätze – am besten durch größere Zeilenabstände voneinander abgesetzt – markieren auch optisch, wo eine Überlegung, ein Aspekt, ein Gedankengang beginnt und endet. Immer gilt: Ein Gedankengang pro Absatz.

- Durch Aufzählungen mit Aufzählungszeichen lassen sich Informationen schnell erfassen.

- Sparsame Hervorhebung einzelner Wörter im Text ist eine weitere Hilfe für den Leser, um den Inhalt noch schneller auf den ersten Blick zu erfassen. Fettdruck ist übrigens besser lesbar als Kursivschrift oder Unterstreichungen.

- Infokästen, Abbildungen mit Bildunterschriften, hervorgehobene Zitate und andere Zusatzelemente sorgen für Abwechslung und motivieren zusätzlich zum Lesen.

Karriere-faktor

Strukturiertes Denken

Strukturierte Texte stellen Leser zufrieden. Zugleich profitiert Ihr Denken vom strukturierten Schreiben. Und Sie gewinnen noch auf andere Art: Lesende schließen vom Text auf den Autor. Hinter einem chaotischen und unstrukturierten Text vermutet man einen planlosen und unkonzentrierten Autor. Eine klare Struktur vermittelt dagegen das Bild eines Autors, der planvoll, klug und auf das Wesentliche reduziert arbeiten und denken kann. Damit sind Sie jemand, der Dinge klärt, ordnet und den Überblick bewahrt. Das fällt positiv auf, besonders bei Kunden, Vorgesetzten und Kollegen, die selbst Wert auf Struktur legen. Das ist ein großer Pluspunkt, wenn Verantwortliche Ihre Schlüsselqualifikationen bewerten. Und das macht Lust, mit Ihnen zusammenzuarbeiten.

● Großzügige Freiflächen an den Seitenrändern lassen dem Leserauge die Wahl, wo sein Blick hinschweifen möchte. Sie laden damit zum Lesen ein: Weniger pro Seite ist mehr.

● Marginalien, also am Seitenrand platzierte Randbemerkungen, wirken ähnlich wie Überschriften als Orientierungshilfe für den Leser.

Kompakt: Strukturiert schreiben

◼ Leser brauchen Struktur, um schnell lesen zu können, um Informationen besser aufzunehmen und weil strukturierte Texte den modernen Lesegewohnheiten entsprechen.

◼ Auch Ihnen selbst hilft eine klare Vorab-Gliederung: Sie schreiben disziplinierter entlang Ihres roten Fadens ohne abzuschweifen und bewahren zu jeder Zeit den Überblick über Ihren Text.

◼ Strukturieren Sie rechtzeitig: Das ist für berufliches Schreiben in der Regel empfehlenswert, auch wenn es verschiedene Strategien im Schreibprozess gibt.

◼ Nutzen Sie für Grob- und Feinstruktur visuelle Darstellungsformen wie die Mindmap oder den Textpfad. Damit planen Sie kreativer und mit höherer Denkleistung.

◼ Setzen Sie optische Strukturelemente ein. Damit kann der Leser sich auf den ersten Blick zurechtfinden.

6. „Ich flicke einfach eine Präsentation zusammen"

Wie Schreiben beim Präsentieren hilft

Erst die Idee, dann der PC.

Emil Hierhold, Experte für Präsentationstechnik

Stellen Sie sich vor, Sie sind seit zwei Tagen bei einem Kongress. Heute hören und sehen Sie die achte Präsentation. Es ist Nachmittag, Sie haben gerade ein etwas zu üppiges Mittagessen hinter sich. Vorne liest der Präsentierende die Sätze ab, die auf seinen Folien stehen. Sie versuchen zu folgen. Doch eine vollgeschriebene Textfolie gleicht der nächsten. Ihre Augenlider wollen sich schließen. Zwischendurch tauchen komplexe Grafiken auf, die viel zu schnell wieder verschwinden, bevor Sie sie überhaupt verstanden haben. Der Kopf wird so schwer wie die Lider. Dann verlieren Sie auch noch die Orientierung – bei welchem Punkt ist der Vortragende gerade? Sie geben auf.

Eine Präsentation vorbereiten – Powerpoint öffnen, Vorlage einstellen, los geht's. Gehen Sie auch so vor? Nach wie vor ist die Software Powerpoint das wichtigste Präsentationswerkzeug. Sie ist überall verfügbar, leicht zu handhaben, und man kann mit ihr schnell und einfach professionelle Präsentationen erstellen. Zugleich taugt sie als praktische Denkhilfe: Während Sie an einer Präsentation arbeiten, strukturieren Sie am Bildschirm Ihre Gedanken.

Doch so praktisch die Software für den Präsentierenden ist, so leicht ermüdet sie später beim Präsentieren die Zuhörer. Wenn die Präsentation überfrachtet, unstrukturiert oder zusammengeflickt erscheint. Aber auch bei gut durchdachten Folien laufen Sie Gefahr, neben Ihrer Powerpoint-Präsentation zur Nebensache zu werden, weil Ihre Zuhörer mit Folienlesen beschäftigt sind. Die besten Chancen zur Informationsverankerung bleiben so häufig ungenutzt.

Letztlich ist die Software Powerpoint nur ein Werkzeug – ob Sie damit spannend oder langweilig präsentieren, beeinflussen Sie selbst. Wie Sie Ihre Präsentationen so vorbereiten, dass Sie selbst im Mittelpunkt bleiben und nicht zur „Stimme im Schlafsaal" werden, wie Emil Hierhold, einer der führenden Präsentationstrainer und Autor eines Standardwerkes zum Thema, die Gefahr benennt, erfahren Sie in diesem Kapitel.

Lang und langweilig? Was Zuhörer wach hält

„In Europa sind wir die Kurzschläfer – und tagsüber am schläfrigsten", sagt Schlafforscher Jürgen Zulley von der Universität Regensburg. Die Gefahr der Tagesmüdigkeit bei Ihrem Publikum sollten Sie mit bedenken.

Zuhörer ermüden auch deswegen besonders leicht, weil sie kaum oder gar nicht aktiv mitwirken. Sie sitzen still und entspannt da. Auch das fördert die Schlafbereitschaft.

Oft bemerkt der Präsentierende beim Vortragen die Verfassung seiner Zuhörer nicht, denn er ist in einer komplett anderen Situation als das Auditorium. Für den Präsentierenden spielt Müdigkeit keine Rolle: Er hat keine Verständnisprobleme, er ist hellwach, er steht oder bewegt sich.

Jeder reagiert anders auf Konzentrationsprobleme: Manche Zuhörer schalten ab, andere beginnen Nebengespräche, stellen Fragen oder werfen Kommentare ein, wieder andere arbeiten unauffällig am Laptop oder tippen in ihren Blackberry. Dann müssen die Zuhörer sich eben besser konzentrieren? Das wäre zu einfach gedacht. Emil Hierhold argumentiert, dass Beamerpräsentationen per se besonders ermüden, weil die Art der Präsentation immer ähnlich ist und die Projektionsfläche unbewegt erscheint. Hinzu kommt die Anmutung technischer Perfektion und der unauffällige Präsentierende, der neben der Projektionsfläche in den Hintergrund tritt.

Wenn man diese negativen Effekte von Powerpoint-Präsentationen mitbedenkt, kann man gezielt gegensteuern. Schon bei der Vorbereitung können Sie dafür sorgen, dass Ihre Zuhörer später angeregt und aktiviert aus Ihrer Präsentation herausgehen. Die folgenden Vorschläge helfen, Ihre Zuhörer nicht nur wach zu halten, sondern mit Spannung in Ihr Thema hineinzuziehen.

Wenige Folien zeigen

Der Kardinalfehler der meisten Präsentationen: zu viele Folien. Jagt der Präsentierende bei einer 15-Minuten-Präsentation durch 30 Folien, so überfordert er die Zuschauer durch ständig wechselnde Ansichten. Nach einer halben Minute erscheint schon die nächste Folie – und was stand noch mal im unteren Drittel der letzten? Wer dreimal nicht zu Ende lesen durfte, fühlt sich irgendwann erschlagen, gibt frustriert auf und schaltet ab. Zeigen Sie also nur wenige Folien.

Auf jeder Folie nur das Wichtigste

Standardfehler Nummer zwei: überfüllte Folien. Vermeiden Sie ausformulierte Sätze oder Halbsätze, mehrere Bilder oder Grafiken pro Folie, zu viele Wörter pro Zeile und zu viele Zeilen pro Folie. Die Zuhörer sollen vor allem *Ihnen* zuhören und zuschauen, statt Ihren Vortrag Wort für Wort mitzulesen.

Diese beiden Grundsätze sind zwar bekannt, dennoch überfrachten Präsentierende ihre Folien nach wie vor. Warum? Erster Grund: Sie nutzen ihre Folien als Erinnerungshilfe, um sich während der Präsentation peinliche Aussetzer zu ersparen. Doch dafür gibt es bei Powerpoint zum Beispiel die Seiten für Notizen – oder noch souveräner: den eigenen Kopf. Zweiter Grund für Überfrachtung: Der Präsentierende möchte seinem Auditorium so vollständig wie möglich zeigen, was er weiß und was die Zuhörer wissen sollen. Doch die Stoffauswahl und -reduktion ist Aufgabe des Präsentierenden, nicht des Auditoriums.

Kernwörter einsetzen

Verwenden Sie starke Kernwörter statt unkonkreter Stichwörter. Kernwörter stehen als Teilaspekte für einen gesamten Themenkomplex, erklären nicht gleich alles und sind noch nicht abgenutzt. Sie verankern sich im Gedächtnis besonders gut. Sie erscheinen sparsam auf der Projektionsfläche und wirken stark. Schreiben Sie ruhig „Matsch" statt „verschlämmte Böden" und wecken Sie damit eine sinnliche Assoziation. Werden Sie konkret: „Jost Lehmeier" statt „Junior Vice President". Ersetzen Sie die korrekte Formulierung durch eine griffige: „Euro" oder „€" statt „finanzielle Mehrbelastung". Regen Sie zum Mitdenken an: „Ja oder nein?" statt „Entscheidungsfrage". Im Vortrag erläutern Sie dann Ihre Kernwörter: „Euro steht hier für die finanzielle Mehrbelastung durch den Preisanstieg." Auch hier gilt: Eine gute Powerpoint-Präsentation ist nie selbst erklärend. Erst zusammen mit Ihrem Vortrag wird sie verständlich. Sie lassen dem Zuhörer nicht die Wahl, ob er ihnen zuhört oder nicht.

Passende Bilder

Das Dauerproblem bei Präsentationen: kopierte Grafiken, die für andere Zusammenhänge konzipiert wurden. Fast immer sind sie überfrachtet mit überflüssigen Informationen, ablenkenden Details oder setzen Schwerpunkte, die Sie für Ihre Präsentation nicht benötigen. Der Zuschauer aber versucht sofort, bei einem neuen Bild alle Text- und Bildelemente zu erfassen und zu verstehen. Deshalb lautet eine Regel beim Präsentieren auch: Alles, was zu sehen ist, wird sofort erklärt. Das lässt sich jedoch nicht einhalten, wenn Ihre Grafik überfrachtet ist. Der Effekt: Wollten Sie nur einen bestimmten Aspekt darstellen und gehen schon weiter, während der Zuschauer noch mit Verstehen beschäftigt ist, frustrieren Sie ihn. Erstellen

Sie also Bilder, die genau zu Ihrer Botschaft und zum Informationsbedarf der Zuhörer passen. Alle Zusatzinformationen fallen weg.

Diese vier Tipps für erfrischende Präsentationen haben mehr mit dem Schreiben zu tun, als man auf den ersten Blick denken würde. Denn ohne Schreibvorbereitung fallen Stoffreduktion und der Weg zu griffigen Kernwörtern und passenden Bildern schwer. Deshalb erfahren Sie im Folgenden, wie Sie mit sechs Schreibschritten Ihre Präsentationen auf ungewöhnliche Art vorbereiten können, um anschließend ebenso ungewöhnlich und beeindruckend zu präsentieren.

Anders präsentieren in sechs Schreibschritten

Machen Sie es anders als die anderen. Heben Sie sich gekonnt ab, sonst gehen Sie im Meer der Präsentierenden unter. Und das beginnt so früh wie möglich: Denken Sie auch beim Vorbereiten immer daran, dass Sie als Präsentierender die Hauptrolle spielen werden. Mit ihrer einzigartigen Persönlichkeit und Vortragsweise bleiben Sie im Gedächtnis. Wenn Sie sich zu zeigen wissen. Und wenn Sie genug Raum für Ihre Person lassen: Das projizierte Bild entwickelt niemals ein Eigenleben, das die Zuhörer von Ihnen wegführen könnte. Sie verankern nur einzelne, sorgfältig herausgefilterte Highlights mit Wort und Bild bei den Zuhörern und informieren, schockieren oder beeindrucken damit.

In sechs Schreibschritten bereiten Sie Ihre Präsentation kompetent und originell vor.

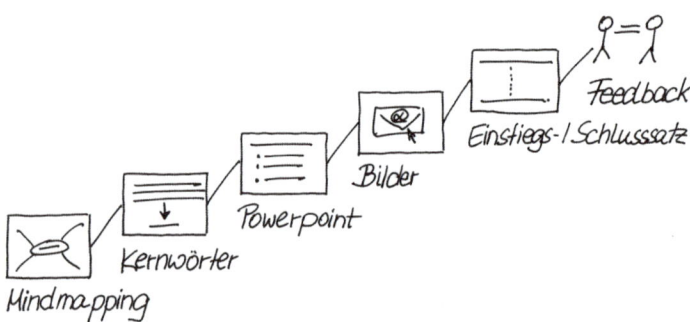

1. Mindmapping

Strukturieren Sie einmal *nicht* direkt in Powerpoint, sondern erstellen sie zuerst eine Mindmap. Das Mindmapping haben Sie im letzten Kapitel kennengelernt. Indem Sie ungewöhnlich strukturieren, gehen Sie anders vor als sonst und kommen dadurch zu anderen Ergebnissen. Ihr Denken geht andere Wege. Mehr zur Mindmapping-Technik lesen Sie im zweiten Teil des Buches in der siebten Trainingseinheit.

2. Kernwörter erschreiben

Im zweiten Schritt suchen Sie griffige Kernwörter. Schreiben Sie konkret vorstellbar „Zuhören und nachfragen" statt „Individuelle Beratung" oder „begeistert" statt „emotional". Erzeugen Sie eine sinnliche Vorstellung, etwa „Startschuss" statt „Projektstart". Es können später auch nur zwei oder drei Kernwörter auf einer Folie stehen. Die wirken. Und geben Ihnen Raum fürs Sprechen. Um zu Kernwörtern zu gelangen, können Sie zum Beispiel vorher einen Cluster erstellen: Schreiben Sie einen zentralen Inhalt auf ein Blatt Papier und bilden Sie davon ausgehend Assoziationsketten. Wenn Sie nicht mehr weiterkommen, setzen Sie wieder beim zentralen Wort an. In drei Minuten haben Sie eine Anhäufung von Assoziationen zu einem Begriff. Damit finden Sie gute Ideen für passende Kernwörter. Ersetzen Sie in Ihrer Mindmap die bisherigen Begriffe nach und nach durch Kernwörter. Mehr über die Clustertechnik erfahren Sie in der vierten Trainingseinheit.

3. Powerpoint starten

Im dritten Schritt überführen Sie Ihre Mindmap in Powerpoint – entweder von Hand oder Sie nutzen eine Mindmapping-Software, die nach Powerpoint exportieren kann. Planen Sie die Anzahl Ihrer Folien je nach der Redezeit, die Sie zur Verfügung haben werden. Als Faustregel gilt: ein bis drei Minuten Redezeit pro Folie. Bei 15 Minuten Redezeit etwa sind das fünf bis maximal 15 Folien.

4. Bilder skizzieren

Schritt vier: Überlegen Sie, welches Ihre zentralen Inhalte sind. Übersetzen Sie diese in schlichte Bilder. Bildinformationen ergänzen oder ersetzen Text und sind in unserer visuell geprägten Kultur wichtig, um Informationen bei den Zuhörern zu verankern. Auch die Bilder sollten – wie die Kernwörter – durch Schlichtheit und Einheitlichkeit beeindrucken. Der Renner im sonstigen computergrafischen Einerlei: von Hand skizzierte Strichzeichnungen, mit denen Sie wiederum Ihre Einzigartigkeit hervorheben. Sie aktivieren die Zuhörer schon allein durch die willkommene Abwechslung. Für dieses Buch habe ich zum Beispiel bewusst alle Abbildungen selbst gezeichnet. Nicht, weil ich perfekt zeichnen könnte, sondern weil die Handzeichnungen Ausdruck meines Denkens sind und gerade durch die Unvollkommenheit hoffentlich zum Betrachten einladen.

Zeichnen Sie lieber einen schiefen Brief mit einem @-Zeichen und einem Mauszeiger anstatt ein Clipart mit einem detailgenau dargestellten E-Mail-Kommunikationsprozess einzufügen. So bleibt von einer Abbildung mit unnötigen Details eine schnell erkennbare Kernbotschaft übrig, deren Bedeutung Sie dann mündlich erläutern: „Dieser Brief steht für die E-Mail-Kommunikation in unserem Unternehmen."

Sie haben kein künstlerisches Talent? Egal. Die Zuschauer entschuldigen bei Handzeichnungen so gut wie alles. Sie haben keine Ideen für Bildskizzen? Probieren Sie die fünfte Trainingseinheit aus.

5. Einstiegs- und Schlusssatz

Im fünften Schritt planen Sie Einstiegs- und Schlusssatz äußerst gründlich, um einen souveränen Eindruck zu hinterlassen. Denn die Redewendung „Erster Eindruck entscheidet – letzter Eindruck bleibt" trifft auf Präsentationen voll und ganz zu. Steigen Sie mit ein oder zwei kurzen, starken

Sätzen ein, die allerdings zu stark vom Kontext abhängen, als dass hier Beispiele sinnvoll wären. Beenden Sie Ihre Präsentation mit einem Satz, der Ihre wichtigsten Ziele, das Fazit oder einen Wunsch an die Zuhörer artikuliert. Schließen Sie niemals mit schwachen Sätzen wie „Ja, das war's dann" oder „Gut. Vielen Dank". Damit zerstören Sie den guten Eindruck, den Sie während Ihrer Präsentation vermittelt haben. Hier sehen Sie einige Beispiele für Schlusssätze, die Sie als Anregung nutzen können.

Beispiele für Schlusssätze bei Präsentationen	
Appell	*Bitte überlegen Sie sich also, welche Einsatzmöglichkeiten die Strategie in Ihrem Bereich …*
Frage	*Was könnte jeder von uns also dazu beitragen, um diese Entwicklung voranzubringen?*
Wünsche	*Jetzt wünsche ich Ihnen noch weiter eine interessante Tagung.*
Fortsetzung ankündigen	*Wir forschen weiter. Im nächsten Jahr stellen wir Ihnen die Ergebnisse der Pilotstudie vor.*
Kontakteinladung	*Damit ist das Thema für heute abgeschlossen. Wer noch weitere Fragen hat, kann gerne in der Pause auf mich zukommen.*
Brücke zur Diskussion	*Dazu gibt es sicher einige Fragen. Wir haben 15 Minuten für die Diskussion eingeplant.*

Schreiben Sie für die Vorbereitung Stichpunkte und jeweils drei bis fünf Satzvarianten für Einstiegs- und Schlusssatz auf und wählen Sie die besten Varianten aus. Diese Sätze halten Sie zusätzlich auf Karten während Ihrer Präsentation gut sichtbar bereit. Falls Sie sich im entscheidenden Moment nicht erinnern.

6. Feedback vor der Präsentation

Im sechsten Schritt besprechen Sie Ihre Folien, bevor Sie sie präsentieren. Lassen Sie sich von jemandem Feedback geben. Oft fällt erst dabei auf, was zentral ist, was in den Papierkorb gehört und wo es hakt.

Karriere-faktor

Improvisieren

Diese Vorbereitungsschritte bereichern nicht nur Ihre Zuhörer. Sie helfen Ihnen auch, sich später mehr auf Ihr Improvisationstalent zu verlassen: Zum einen haben Sie bereits mit Wortvariationen gespielt und dadurch einen größeren Wortschatz zur Verfügung – wichtig fürs improvisierende Reden. Zum anderen haben Sie die Struktur mit einer Mindmap im Gedächtnis verankert und sind deshalb weniger auf Ihre Notizen angewiesen. So gewinnen Sie Spielräume, um sich auf die einzigartige Situation, die Atmosphäre und die Reaktionen der Zuhörer einzustellen und bei Bedarf ganz anders zu präsentieren, als vorher geplant. Das strukturierte Vorbereiten lohnt sich, denn vom Publikum wird Improvisieren meist dankbar und begeistert honoriert. Der brillante Redner Winston Churchill wusste, wie gut Improvisation vorbereitet sein will: „Am meisten Vorbereitung kosteten mich immer meine spontan gehaltenen, improvisierten Reden." Improvisieren ist die hohe Kunst des Präsentierens. Die richtige Präsentationsvorbereitung schafft die Voraussetzungen dafür.

Kompakt: Präsentieren, aber anders

■ Gewöhnungs- und Ermüdungseffekte durch Powerpoint gefährden Ihren beeindruckenden Auftritt beim Präsentieren.

■ Stellen Sie sich als Person durch Präsenz und Improvisation in den Mittelpunkt, indem Sie Ihre Folien besonders sparsam, mit Kernwörtern und reduzierten Skizzen, gestalten. Damit verhindern Sie, dass Zuschauer von Ihnen abgelenkt werden und mit Folienlesen beschäftigt sind.

■ Bereiten Sie sich in sechs Schreibschritten auf eine aufsehenerregende Präsentation vor: mit Mindmapping für die Strukturplanung, assoziativen Schreibtechniken für griffige Kernwörter, einer folienreduzierten Powerpoint-Datei, handgezeichneten Bildskizzen für die wichtigsten Inhalte, starkem Einstiegs- und Schlusssatz und Besprechen der Präsentation mit einem Feedbackpartner.

7. „Was ich auch noch schreiben wollte"

Wie Sie sich kurzfassen

Wenn einem Autor der Atem ausgeht, werden die Sätze nicht kürzer, sondern länger.

John Steinbeck

Merken Sie auch manchmal während des Schreibens, dass Sie in andere Richtungen schreiben, als Sie eigentlich wollten? Das entdeckende Schreiben ist eine hervorragende Denkmethode, wenn man sie gezielt einsetzt. Sie kann aber auch zum Selbstläufer werden, der Texte ausufern lässt und die zentrale Aussage so verwässert, dass Ihre Argumente Kraft einbüßen. Wie im folgenden Beispiel.

Fallbeispiel

Marita Möhring

Die PR-Referentin im Dachverband eines großen Industriezweiges ist die Hauptverantwortliche für den Jahresbericht. Für die Teamsitzung mit ihren acht Kollegen hat sie drei Seiten Argumentation vorbereitet. Damit will sie von ihrem neuen Konzept für den Bericht überzeugen. Doch sie bekommt Gegenwind, denn das bedeutet für alle Mehrarbeit. Die Stimmung in der Teamsitzung ist gereizt. „Ich habe nichts gegen die bisherige Struktur", bemerkt ein Kollege aus dem Rechtsreferat zum dritten Mal. Marita Möhring argumentiert ausführlich, eine langwierige Diskussion entspinnt sich. Eine Kollegin hört längere Zeit nur zu. Schließlich unterbricht sie: „Das heißt also, ohne eine bessere Struktur rennen uns unsere Mitglieder weg?" Die Neunerrunde ist plötzlich still. Marita Möhring nickt erleichtert. „Ja. Genau." Sie spürt sofort, wie der Satz ihrer Kollegin wirkt. Jetzt wird allen klar: Natürlich hängen auch die eigenen Arbeitsplätze davon ab, ob man Mitglieder halten kann. Marita Möhring denkt nach: Hatte sie das nicht ausführlich in ihrer Argumentation geschrieben? Hat das überhaupt jemand gelesen? Warum konnte sie das nicht selbst so auf den Punkt bringen?

Manche Menschen sagen oder schreiben einen Satz, und der sitzt. Alle denken: Genau so ist es, besser kann man es nicht auf den Punkt bringen. Sind erleichtert. Die meisten brauchen jedoch länger, bis sie einen Gedanken rübergebracht haben. Warum eigentlich? Was funktioniert da anders und weshalb können sich viele Menschen nicht kurzfassen?

Von Hölzchen auf Stöckchen: Die Kehrseite des Einfallsreichtums

Bei Menschen, die inspiriert von ihren Ideen zu geistigen Höhenflügen abheben, stehen die Ideen Schlange im Gehirn und müssen eigentlich nur noch weitergedacht, ausgesprochen oder aufgeschrieben werden. Nur noch? Menschen, denen eher zu viel als zu wenig einfällt, haben andere Probleme als ihre verknappter denkenden Kollegen. Sie fühlen sich mitunter regelrecht überschwemmt von der Assoziationsfülle im Kopf und würden ihren hochaktiven Denkapparat dann gerne abschalten können. Neue Ideen treiben in ständige Aktivität, zu endlosen To-do-Listen – oder in lange Reden und Schriften, bei denen der Verfasser „von Hölzchen auf Stöckchen" kommt. Prioritäten zu setzen fällt solchen Menschen schwer, beim Reden wie beim Schreiben.

Die Auswirkungen sind oft das Gegenteil von dem, was sie erreichen möchten – beim Gespräch genauso wie bei Texten: Wer sich zu lang ausbreitet, hat seine – in der Regel eiligen – Zuhörer und Leser schnell verloren. Bei Marita Möhring verhallen ihre guten Argumente, weil sie nicht auf den Punkt kommt. Aber es geht noch weiter: Leser und Gesprächspartner nehmen Marita Möhring manchmal nicht mehr so ernst, hören einfach weg und lesen ihre langen E-Mails nicht mehr vollständig. Sie fragen auch seltener nach, denn die Antworten sind einfach zu kompliziert und dauern zu lange. Oder der Schreiber macht sich unbeliebt: Fachautoren verderben es sich mit ihren Verlagen, weil sie ihre Themen auf 400 Seiten ausbreiten, statt sich mit 200 Seiten an den vereinbarten Umfang zu halten. Für das nächste Buch wird dann der Konkurrent gefragt.

Schauen wir uns an, wie es zu ausufernder Kommunikation kommt – damit gewinnen Sie schon erste Ansatzpunkte für Veränderungen.

Der Blick fürs Ganze fehlt

Viele Schreibende, die zum Ausufern neigen, schreiben detailverliebt und haben darüber längst den Blick fürs Ganze aus den Augen verloren. Sie tüfteln während des Schreibens an einzelnen Sätzen und verlieren sich in Korrekturen, statt das Kernthema konsequent auf den Punkt zu bringen.

Angst vor einem klaren Standpunkt

Auch mit einem psychologischen Mechanismus lässt sich das Ausufern manchmal erklären: Marita Möhrings überlange Ausführungen sind zum Beispiel nicht nur ihrem Einfallsreichtum geschuldet. Ihr macht die Angst zu schaffen, mit einem prägnanten Standpunkt Gegenwind von den Kollegen zu bekommen. Deshalb hat sie unbewusst eine Strategie der Abschwächung entwickelt: Sie verwässert ihre Aussagen, indem sie sie in die Länge zieht und mit Nebensächlichkeiten ergänzt. So hofft sie, weniger offene Kritik zu provozieren. Das funktioniert nur zum Teil, denn zugleich entstehen damit Verwirrung und Ungeduld.

Beziehung und Austausch vermeiden

Kommunikative Ausschweifungen verhindern Beziehungsaufbau und produktiven Austausch zwischen Menschen. Wenn einer am anderen vorbeiredet oder -schreibt, so verhindert er einen echten Dialog. Das reale oder fiktive Gegenüber – der Leser – wendet sich ab. Auch das kann bewusst oder unbewusst erwünscht sein: So muss man eigene Meinungen nicht reflektieren oder revidieren.

Selbstherrlichkeit

Ja, es gibt sie: Die Menschen, die ihre eigenen Gedanken einfach großartig finden – so toll, dass sie sie in voller Länge ausbreiten müssen. So ungern man es zugeben mag – ein Grund für langatmige Kommunikation kann Selbstherrlichkeit sein. Das Problem dabei: Der Schreiber ist oft der Einzige, der von seinen Gedanken beeindruckt ist. Wenn jemand den Mittagshunger der Kollegen und die Interessen und Zeitnöte der Leser außer Acht lässt, so hat er schnell den Ruf eines Egozentrikers weg. Es fehlt der Respekt vor dem Leser oder Zuhörer und seiner knappen Zeit. Andere Menschen wollen das Gefühl haben, mitbedacht und wichtig genommen zu werden.

Sich kurzzufassen ist also wichtig. Wie man das lernen kann, erfahren Sie im nächsten Abschnitt.

Das war's. So bringen Sie es auf den Punkt

Beim Schreiben wie beim Sprechen gilt: Entscheidend ist der Vorlauf. Denn nur wenige begabte Menschen schütteln den zentralen Satz aus dem Ärmel wie die Kollegin von Marita Möhring. Die meisten von uns müssen einiges an Vorbereitung investieren, um sich die zentrale Aussage zu erarbeiten. Wie Sie zu einer zentralen Aussage gelangen, erfahren Sie im zweiten Teil des Buches in der fünften Trainingseinheit. Und mit den folgenden fünf Schritten können Sie dafür sorgen, dass Ihr gesamter Text prägnant das Wesentliche herausstellt.

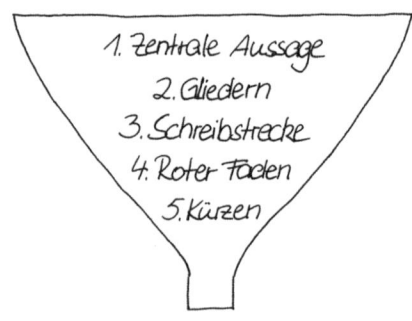

1. Schritt: Zentrale Aussage klären

Arbeiten Sie schon vor dem Schreiben die zentrale Aussage für sich heraus. Das gelingt zum Beispiel gut mit dem Fokussprint, der Schreibstaffel oder einem inneren Bild zur zentralen Thematik. Beim Fokussprint notieren Sie eine Überschrift und schreiben fünf Minuten lang unzensiert und so schnell wie möglich alles auf, was Ihnen zu der Überschrift einfällt. Hinterher lesen Sie Ihren Text durch und markieren wichtige Wörter; diese nutzen Sie dann, um zum Abschluss einen Kernsatz als Zusammenfassung zu schreiben. Bei der Schreibstaffel führen Sie den Fokussprint mehrmals durch: Sie nutzen den abschließenden Kernsatz als Überschrift für den nächsten Fokussprint usw. Mit einem inneren Bild Ihres Themas, im Entspannungszustand entwickelt, nähern Sie sich ebenfalls rasch der zentralen Aussage. Aber was soll überhaupt zentral werden? Die wichtigsten Anhaltspunkte für diese Entscheidung finden Sie, indem Sie neben Ihrem eigenen Themenfokus auch die Interessenlage Ihrer Leser klären: Was könnte für sie besonders spannend sein? Welche Fragen haben sie?

2. Schritt: Gliedern

Wie ein klarer Textaufbau dabei hilft, sich selbst und die Leser zu orientieren, haben Sie im vorletzten Kapitel gelesen. Aber Vorsicht: Eine detaillierte Gliederung birgt die Gefahr, dass zu viele Gedanken untergebracht werden müssen. Einfach weil zu viele Überschriften mit Text gefüllt werden müssen. Planen Sie deshalb zusammen mit der Gliederung Ihre Schreibstrecke.

3. Schritt: Schreibstrecke planen

Planen Sie Ihre Schreibstrecke mit dem Schreibstreckenplaner, den sie in der dritten Trainingseinheit vorfinden. Er hilft Ihnen, Textlänge und Schreibzeiten realistisch zu planen und so Ausufern zu verhindern.

4. Schritt: Den roten Faden spinnen

Mithilfe der Gliederung spinnen Sie nun Ihren roten Faden. Sie schreiben zwei bis drei Sätze pro Gliederungspunkt flüssig hin, ohne innezuhalten und zu grübeln. Nach fünf bis zwanzig Minuten – je nach Textlänge – haben Sie bereits eine ausformulierte Gliederung. Auf diesen roten Faden können Sie während des Schreibens jederzeit zurückgreifen und Abschweifungen früh stoppen.

5. Schritt: Kürzen

Kürzen Sie Ihren Text sowohl intuitiv als auch rational. Dieser letzte Schritt zum prägnanten Text ist besonders wichtig, deshalb schauen wir uns jetzt genauer an, was beim Kürzen zu beachten ist.

Trennungsschmerz berücksichtigen

Viele Schreiber haben mit großer Mühe an ihren Sätzen gefeilt. Davon trennen sie sich schwer. Verständlicherweise. Bei Trennungsschmerz helfen zwei Ansätze. Erstens: Kürzen Sie bereits im unperfekten Rohtext – bevor Sie viel Arbeit in den Feinschliff gesteckt haben. Zweitens: Bewahren Sie gute Textstellen auf. Speichern Sie vor dem Kürzen Ihre Textdatei unter neuem Namen. Zur Not haben Sie dann noch die alte Version mit allen kostbaren Formulierungen. Ganze Abschnitte mit interessanten Gedankengängen, die nicht so recht in den aktuellen Text passen, verschieben Sie in eine neue Datei. Sie könnten erste Bausteine für andere Texte sein.

Zeit einplanen

„Entschuldigen Sie bitte, dass der Brief so lang geworden ist, aber ich hatte keine Zeit, einen kürzeren zu schreiben", schrieb Goethe in einem Brief, denn er wusste, wie wichtig und zugleich zeitaufwendig das Sich-Kurzfassen ist. Vielen Schreibern geht es genauso: Fürs Kürzen bleibt keine Zeit mehr. Planen Sie also die Überarbeitungsphase großzügig: 35 bis 45 Prozent der gesamten Schreibzeit sollten zum Überarbeiten – und damit auch zum Kürzen – reserviert sein.

Intuitiv kürzen

Ihr Text reift, indem Sie ihn eine Weile ruhen lassen. Bei langfristigen Schreibprojekten sollten das ein paar Tage oder Wochen sein, bei einem engen Zeitfenster zumindest ein paar Stunden oder Minuten. So gewinnen Sie Abstand und blicken hinterher mit anderen Augen auf den Text. Drucken Sie den Text außerdem aus, bevor Sie ihn lesen – am besten anders formatiert. Oft erscheint der Text beim erneuten Lesen dann fremd: *Das* soll *ich* geschrieben haben? Markieren Sie zügig die Stellen, die Ihnen langatmig oder überflüssig erscheinen, ohne Sie jedoch schon zu löschen.

Rational kürzen

Erst beim rationalen Kürzen setzen Sie den Rotstift anhand einer Kriterienliste an und löschen im Computer. Kriterien fürs Kürzen sind vor allem Ihre Leitidee für den Text und das Leserinteresse. Diese Kriterien brauchen Sie, um entlang einer Richtschnur an den richtigen Stellen abzuspecken und nicht beliebig drauflozukürzen.

Karriere-faktor

Auf den Punkt kommen

Wenn Sie konsequent daran arbeiten, mit Ihren Texten besser auf den Punkt zu kommen, üben Sie sich damit nicht nur im prägnanten Schreiben. Mit der Zeit schärfen Sie dadurch auch Ihr prägnantes Denken und vor allem: Sprechen. Und wie wirkt jemand, der ein kompliziertes Thema prägnant auf den Punkt bringt – egal, ob mündlich oder schriftlich? Beeindruckend. Leser und Zuhörer sind erleichtert, freuen sich, ja bewundern sogar. So sammeln Sie Erfolge nicht nur beim Schreiben.

Kompakt: Kurz und gut

- Wer sich kurzfassen kann, beeindruckt damit andere und schreibt Texte, die gerne gelesen werden.
- Wer sich kurzfasst, vermittelt seinen Standpunkt, scheut Kritik nicht, wird ernst genommen und tritt in fruchtbaren Austausch.
- Mit fünf Schritten können Sie von Anfang an dafür sorgen, sich beim Schreiben kurz zu fassen: zentrale Aussage und Leserinteresse klären, Schreibstrecke planen, klar gliedern, den roten Faden spinnen und intuitiv und rational kürzen.
- Für das Kürzen brauchen Sie Abstand durch Pausen, in denen der Text ruht, und handfeste Kriterien, um nicht beliebig vorzugehen.

8. „Meine E-Mails liest eh keiner"

Wie Sie prägnant und für den Leser schreiben

Das Geheimnis des Erfolges ist, den Standpunkt des anderen zu verstehen.

Henry Ford

Hatten Sie auch schon manchmal den Verdacht, dass Ihre E-Mails nicht richtig verstanden wurden – weil die Antworten nicht so recht passten? Haben Sie auch schon einmal auf Antwort gewartet und verunsichert geprüft, ob Sie Ihre E-Mail versehentlich nicht gesendet hatten? Eigentlich sind die elektronischen Briefe eine fantastische Möglichkeit für schnelle, unkomplizierte Kommunikation. Doch allzu oft sind sie Zeitfresser statt Zeitsparer, denn sie tauchen selten als Einzelgänger, sondern in Horden auf. Das hat Konsequenzen. Die tägliche Nachrichtenflut, die in den Posteingang strömt, verändert das Leseverhalten der Empfänger: Heute liest jeder noch schneller, sortiert noch strikter, ignoriert noch konsequenter. Darauf wiederum müssen E-Mail-Schreiber sich einstellen. Nun könnte man meinen, das müsste eigentlich ganz leicht gehen, denn was E-Mail-Leser brauchen, weiß jeder – weil E-Mail-Schreiber zugleich auch E-Mail-Empfänger sind. Dennoch schreiben viele von uns Mailtexte, die sie als Empfänger fürchten. Die folgende E-Mail ist ein Beispiel dafür.

Hallo Frau Weiß,
ich habe endlich herausgefunden, was beim Gespräch mit Herrn Klipp schiefgelaufen war. Er hatte nicht verstanden, dass wir die Planung für den Kongress mit Frau Gehrowski schon besprochen hatten. Nun ist die Frage, wie wir ihm das vermitteln. Ich habe dazu noch mal mit Frau Gehrowski gesprochen. Ich sende Ihnen im Attachement die Anmerkungen von Herrn Gehmert zu der Präsentation beim Meeting am 15.03. in Bonn zu. Seine Änderungsvorschläge sind in der Powerpoint-Datei vermerkt.

Freundliche Grüße
Peter Proust

Bei dieser E-Mail bleibt für die Empfängerin Frau Weiß fast alles offen: Was will Herr Proust Frau Weiß sagen und (wie) soll sie reagieren? Will er von ihr wissen, wie man mit Herrn Klipp sprechen kann – oder soll sie mit Herrn Klipp sprechen? Oder will er Frau Weiß nur noch informieren und hat alles schon mit Frau Gehrowski geklärt? Was soll Frau Weiß mit den Anmerkungen von Herrn Gehmert in der angehängten Powerpoint-Datei anfangen? Wo soll Frau Weiß die E-Mail ablegen? Im Ordner für den bevorstehenden Kongress? Oder im Ordner für das Meeting in Bonn?

Solche Verwirrungen und Ärgernisse müssten nicht sein. In diesem Kapitel bekommen Sie Hinweise, wie Sie Ihre E-Mails so schreiben, dass sie beim Empfänger gut ankommen und dass der Empfänger Ihre E-Mails so bearbeitet, wie Sie das wollten.

Was E-Mail-Leser brauchen – und was nicht

Frank Frey und Helmut Hechter

Der Projektmanager Frank Frey bearbeitet seine E-Mails selbst. Um halb sieben ist er heute schon wieder der Erste im Büro. Er schaltet die Tageslichtröhren und den Computer ein. Eine gute Stunde hat er Zeit, um seine E-Mails zu bearbeiten: 79 neue Nachrichten seit gestern Nachmittag. Frank Frey überfliegt die Betreffzeilen und verschiebt ungefähr 15 E-Mails in einen Ordner „Sofort". Die liest er ausführlich, beantwortet, bearbeitet und archiviert sie gleich, bis der „Sofort"-Ordner wieder leer ist. Die restlichen E-Mails überfliegt er und behandelt sie auf drei Arten: Einige E-Mails bearbeitet er ausführlich. Ungefähr 40 Nachrichten löscht er. Die restlichen 20 verschiebt er in den Ordner „Später". Bei einer E-Mail stutzt er beim Lesen: „Hallo Herr Frey, ich habe mit Ihrer Antwort auf meine Anfrage vom 25.11. schon vor einer Woche gerechnet. Bitte teilen Sie mir mit, wie Sie die beigefügten Daten einschätzen. Freundliche Grüße, Helmut Hechter." Das Unangenehme daran: Helmut Hechter, der Kollege aus einem anderen Projekt, hat diese E-Mail in Kopie an Frank Freys Chef geschickt. Er knirscht mit den Zähnen und sucht in seinen E-Mails. Was ist ihm da durch die Lappen gegangen? Ja, richtig – er hatte die E-Mail in den „Später"-Ordner verschoben. Er druckt die Mail vorsichtshalber aus. Mittags spricht ihn sein Chef darauf an und fragt, warum er nicht eher geantwortet habe. „Ehrlich gesagt: Ich bin einfach nicht schlau daraus geworden, was der Hechter von mir will. Aber ich hätte bei ihm nachfragen müssen, das habe ich schlicht vergessen. Lies dir seine Mail doch mal durch. Verstehst du, worum es ihm geht?" Sein Chef liest die erste E-Mail von Helmut Hechter und fängt an zu grinsen. „Tja. Klär die Sache am besten telefonisch."

Helmut Hechters E-Mail war dermaßen unklar geschrieben, dass sie selbst bei Frank Frey, der seine E-Mails sonst vorbildlich bearbeitet, in Vergessenheit geraten war. Der Chef hatte viel Verständnis für seinen Mitarbeiter Frank Frey, und Helmut Hechter stand nun doppelt schlecht da: als unstrukturierter E-Mail-Schreiber und als einer, der viel zu früh den Chef einschaltet. Daraus könnte sogar ein handfester E-Mail-Konflikt werden, wie ihn wohl jeder schon einmal erlebt hat: Missverständnisse, Kränkungen und falsche Erwartungen ziehen weitere E-Mails nach sich, bis ein schier unlösbarer Konflikt mit einem ausgewachsenen Verteiler entstanden ist. So wie Helmut Hechter erwarten die meisten E-Mail-Schreiber, dass der Empfänger aufmerksam liest und alle Informationen erfasst. Gerade wenn der Schreiber mühevoll an jedem Satz gefeilt hat. Diese Haltung ist schreiberzentriert. Mit der Realität und mit Leserorientierung hat sie wenig zu tun. Die Schere zwischen Schreibererwartungen und tatsächlichem Leseverhalten klafft auseinander und führt zu Missverständnissen, Enttäuschung und Ärger. Deshalb ist es so wichtig, sich die Fragen zu vergegenwärtigen, die Empfänger beim E-Mail-Lesen im Kopf haben.

Wie viele E-Mails muss ich heute lesen?
Wie viel Zeit habe ich dafür?
Wie lang ist diese E-Mail?
Kann ich es mir leisten, ausführlich zu lesen?
Was ist das Wichtige für mich bei dieser E-Mail?
Muss ich etwas tun? Was?

Schauen wir uns genauer an, was E-Mail-Leser brauchen.

Kurze E-Mails

Der Leser will eine E-Mail in Sekunden überfliegen und dadurch rasch den Inhalt einschätzen, um sie zügig bearbeiten zu können. Die Bearbei-

---

Tipp
Besser zwei statt eine

Falls Ihre E-Mail über eine Bildschirmseite hinauszuwachsen droht, teilen Sie verschiedene Themen auf verschiedene E-Mails auf. Senden Sie die beiden E-Mails direkt nacheinander ab, dann treffen Sie beim Empfänger auch so ein. Geben Sie in der ersten E-Mail einen kurzen Hinweis: „Eine zweite E-Mail mit Infos zu unserer Zeitplanung folgt sofort." So kann der Empfänger unterschiedliche Anliegen getrennt bearbeiten: Die Frage in der ersten Mail beantwortet er sofort und kann die Nachricht dann verschieben oder löschen. Ihre Information aus der zweiten E-Mail speichert er an einem anderen Ort.

tung langer E-Mails wird dagegen gerne aufgeschoben. Schreiben Sie also kurze und keinesfalls bildschirmfüllende Nachrichten.

Deutliche Struktursignale

E-Mails werden besonders schnell – und am Bildschirm – gelesen. Für Ihre bildschirmgeplagten Augen brauchen Leser gute Bedingungen. Schreiben Sie also jeden neuen Gedanken in einen neuen Absatz – mit Leerzeile dazwischen und Überschrift darüber.

Prägnant formulierte Anliegen

Zeigen Sie immer, was Sie vom E-Mail-Empfänger wollen: Dass er von einer Information Kenntnis nimmt? Dass er eine Frage beantwortet, Stellung bezieht, Informationen weiterleitet? Dass er einen Auftrag ausführt? Oder soll er sich über eine Nachricht von Ihnen freuen und Lust bekommen, sich bei Ihnen zu melden? Soll er sich per Mail, persönlich oder telefonisch melden? Schreiben Sie die Antworten auf diese Fragen in Ihre E-Mail. Am besten gleich in die Betreffzeile oder an den Beginn jedes Abschnitts, damit der Empfänger sofort weiß, unter welchen Vorzeichen er Ihre Nachricht liest.

Neben diesen Grundregeln für leserorientierte E-Mail-Kommunikation gibt es noch die typischen E-Mail-Problemzonen, die jeder ebenfalls leicht verbessern kann.

Die E-Mail-Problemzonen von Absender bis Verteiler

E-Mail-Adresse des Absenders, Betreffzeile, Anrede, Grußformel, Signatur und Verteiler: Verstehen Sie diese Elemente nicht als lästige Pflichtübung, sondern nutzen Sie sie als Möglichkeit, sich zu zeigen und Beziehungen zu gestalten.

Die Absender-Adresse: Professionell statt privat

Häufig nutzen gerade Einzelunternehmer einen kostenlosen E-Mail-Account über einen Freemailanbieter: Adressen wie jo2pehm@gmx.de erscheinen jedoch in der Absenderzeile und wirken unprofessionell und privat, ebenso, wenn der meist zusätzlich erscheinende Absendername nicht vollständig ist. Nutzen Sie lieber eine individuelle E-Mail-Adresse mit dem Website-Namen Ihrer Organisation: info@johann-pehm.de. Ganz nebenbei geben Sie so mit jeder E-Mail den Hinweis auf Ihre Website. Zudem sehe ich immer noch offizielle E-Mails, bei denen der Absendername nur einen Vornamen oder ein Kürzel zeigt, weil der Sender in seinem E-Mail-Programm die Benutzerinformationen so voreingestellt hat und gar nicht weiß, dass seine Empfänger das sehen.

Die Betreffzeile: Informativ und vollständig

Viele Leser entscheiden anhand der Betreffzeile – neben dem Absendernamen – über Lesen oder Nichtlesen. Schreiben Sie also kurze Schlüsselbegriffe mit *allen* Themen, die in Ihrer E-Mail zur Sprache kommen. Sonst riskieren Sie, dass die unerwähnten Themen im E-Mail-Text überlesen werden. Geben Sie möglichst schon einen Hinweis auf Ihr Anliegen: „Info zum Meeting am Donnerstag", „Bitte um Terminbestätigung 17. August" oder „Anfrage Tagungsvortrag".

Die Anrede: Beziehung geht vor

Die Anrede ist eine der wichtigen Feinheiten bei E-Mails. Generell ist bei E-Mails ein etwas lockerer Ton und mehr Spielraum möglich: „Hallo" ist zum Beispiel bei E-Mails, nicht aber bei Briefen üblich. Abgesehen davon gilt immer: Die Anrede hängt von der Beziehung zwischen Ihnen und Ihrem Empfänger ab. Eine Empfängerin würde sich zurückgestoßen fühlen, wenn sie mit „Sehr geehrte Frau Dörting" angeschrieben wird, obwohl Sie mit ihr kurz zuvor am Telefon über ihre Familie gesprochen hatten – also längst ein persönlicher und informeller Kontakt besteht. Ein neuer Kunde wird mit „Sehr geehrter Herr Frank" angesprochen, weil der Kontakt noch distanziert ist.

Und wie schreibt man eine Empfängergruppe an? „Liebe KuKs" (steht für „Liebe Kolleginnen und Kollegen"), „An die MuMs" (steht für „An die Mitarbeiterinnen und Mitarbeiter"), „Hallo zusammen" oder „Hallöchen" wirken zwar locker, suggerieren jedoch eine Nähe, die oft nicht den tatsächlichen Verhältnissen entspricht. Und genau das kann im Arbeitskontext nach hinten losgehen: Nicht zu jedem der Empfänger ist die Beziehung gleich, und so fühlt sich schnell der eine oder die andere falsch angesprochen, irritiert oder ausgeschlossen. Sobald Sie die Empfänger namentlich kennen, sollten Sie auch die Standardformulierung „Damen und Herren" vermeiden. Schreiben Sie dann lieber „Guten Tag" oder beschreiben Sie die Gruppe, das hat zusätzlich einen Informationswert:

„Sehr geehrte Mitglieder des Arbeitskreises ‚Vertrieb'" oder „Sehr geehrte Projektmitarbeiter".

Tipp
Ausschreiben statt abkürzen

Abkürzungen machen fast immer einen schlechten Eindruck, „KuKs" und „MuMs" genauso wie „MfG": Jemand scheint sich nicht einmal die Mühe zu machen, bei der Voreinstellung der Signatur die Wörter „Mit freundlichen Grüßen" auszuschreiben. Ähnlich nachlässig wirkt die Abkürzung des Absendernamens: „Grüße GK". Kann der Sender wirklich davon ausgehen, dass der Empfänger sofort weiß, dass „GK" für „Gerd Krohnmaier" steht? Will der Sender damit zeigen, wie bekannt und wichtig er sich findet? Durch Abkürzungen vermitteln Sie, dass Sie zu beschäftigt sind, um sich zwei Sekunden Zeit für den guten Ton zu nehmen. Wer dagegen ausformuliert, wirkt höflich und wertschätzend gegenüber seinem Empfänger.

Die Grußformel: Abwechslung bringt Stimmung

Auch die Grüße haben etwas mit der Gestaltung der Beziehung zu tun. Vermeiden Sie „Mit freundlichen Grüßen": Diese Standardformulierung wird entweder überlesen oder als einfallslos angesehen. Die ähnlich formellen Varianten „Freundliche Grüße" oder „Es grüßt Sie freundlich" sind heute ebenso akzeptiert und wirken weniger formelhaft. Ergänzen Sie die Grüße ruhig um Wünsche und bringen Sie damit eine persönliche Note in die E-Mail – so fühlt sich der Leser persönlich bedacht: „Ein erholsames Wochenende wünscht Ihnen mit freundlichem Gruß". Oder schicken Sie die Grüße an den Ort des Empfängers: „Herzliche Grüße nach Wien". Je variantenreicher und persönlicher Sie Ihre Grüße anpassen, desto deutlicher signalisieren Sie, wie wichtig Ihnen die Beziehung zum Empfänger ist. Das freut diesen und ist ein Baustein beim Beziehungsaufbau. Falls Sie im E-Mail-Stress keine Zeit für persönliche Grüße haben, ist ein voreingestellter Signaturgruß, den Sie ab und zu ändern, immer noch besser als gar keiner.

Anrede	Kommentar
Sehr geehrte Frau Zweig	Die übliche konservative Form; höflich, fällt aber nicht auf oder fällt negativ auf, weil zu formal
Guten Tag, sehr geehrter Herr Ast	Modernere Form, fällt mehr auf, auch höflich
Guten Tag, Frau Zweig	Modern, liegt zwischen „Sehr geehrte" und „Hallo"
Guten Tag	Wenn die Angeschriebenen unbekannt sind, als Alternative zu „Sehr geehrte Damen und Herren"
Hallo, Frau Zweig	Gängige informelle Anrede bei E-Mails
Hallo und guten Tag, Herr Ast	Das Gleiche etwas zuvorkommender, auch bei noch unbekanntem Empfänger
Liebe Frau Zweig	Wird immer häufiger benutzt; nicht mehr nur für informelle Kontakte und wenn im beruflichen Kontakt deutliche Sympathien und private Themen vorkommen (Familie, Urlaub etc.)
Grüße	**Kommentar**
Mit freundlichen Grüßen	Regelgruß, fantasielos, fällt nicht auf oder fällt negativ auf, weil zu formell
Freundliche Grüße	Gängigste Alternative zum Regelgruß
Ich grüße Sie freundlich *Es grüßt Sie freundlich*	Mehr Beziehungsaufnahme – persönliche Ansprache des Empfängers
… Herzlich …	Alle o. g. Varianten sind auch mit „Herzlich" möglich, wirkt informell, bei persönlicher Beziehung
Beste Grüße	Modeformulierung, aber: Gibt es „gute Grüße", die man steigern könnte?
Viele Grüße	Informell, liegt zwischen „Herzliche Grüße" oder „Liebe Grüße", passt zur Anrede „Hallo"
Freundliche Grüße nach Hamburg	Ortsbezogene Grüße bieten Abwechslung und eine persönliche Note und zeigen, dass der Sender sich auf den Empfänger einstellt
Freundliche Grüße aus dem verschneiten Salzburg	Orts- und wetterbezogene Grüße bieten ebenfalls Abwechslung, beim Empfänger entsteht eine konkrete Vorstellung
Liebe Grüße	Für informelle Kontakte, wenn private Themen und deutliche Sympathie vorkommen, passt zur Anrede „Liebe …"

Die Signatur – zeigen, wer man ist

E-Mails ohne Signatur am Schluss wirken privat und unprofessionell. Eine automatische Signatur für die Kontaktdaten ist heute ein Muss im beruflichen Kontext, bei Kaufleuten sogar Pflicht. Und: Ein oder zwei Stichworte zu Ihrem Beruf („Diplom-Ingenieur"), zu Ihrer Funktion („Projektleiter") oder Tätigkeit („Prozessmoderation") können für Empfänger durchaus interessant sein.

Der Verteiler – besser klein als groß

Prüfen Sie lieber einmal zu viel, ob zum Beispiel der Projektleiter wirklich „Cc" gesetzt werden muss. Halten Sie den Ball im Zweifelsfall flach. Tragen Sie dazu bei, die E-Mail-Flut nicht unnötig zu fördern und E-Mails als effektives Kommunikationsmedium zu erhalten.

Auf den ersten Blick: So schreiben Sie prägnant

Eine bildschirmfüllende E-Mail – der Schrecken jedes Empfängers. Ein Durcheinander mehrerer Themen ohne strukturierende Hinweise – gleich der nächste Schreck. Prägnante und strukturierte E-Mails, die zeitsparend zu lesen sind – der Traum jedes Empfängers. Und man zeigt sich damit als strukturierter und rücksichtsvoller Mensch im allgemeinen E-Mail-Stress seiner Mitmenschen.

In fünf Schritten schreiben Sie ab jetzt so, dass Ihre E-Mails gelesen werden und keiner mehr aneinander vorbei schreibt:

1. Überlegen Sie sich, was Sie vom Empfänger wollen. Das tippen Sie gleich in die Betreffzeile: „Meeting am 27.2.: Info und Frage". Formulieren Sie das Anliegen dann ausführlich, indem Sie es an den Anfang Ihres Nachrichtentextes setzen: „Bitte geben Sie mir zu den folgenden Fragen bis spätestens Freitag, 11. Februar Bescheid." Der Empfänger weiß dann sofort, unter welchen Vorzeichen er die Nachricht liest und worauf er besonders achten muss. In der Regel schreiben Sie auch die wichtigste Aussage Ihrer E-Mail zuerst. Das ist schon deshalb wichtig, weil viele Leser in ihrem E-Mail-Programm als Ansicht „Auto-Vorschau" einstellen: Absender, Betreffzeile und die ersten Zeilen der Nachricht werden angezeigt, schon bevor die E-Mail geöffnet wurde. Anhand dessen entscheiden viele Empfänger, ob sie die Nachricht überhaupt öffnen.

2. Denken Sie nun kurz darüber nach, zu welchen Themen Sie Ihre E-Mail schreiben wollen. Die jeweiligen Kurzüberschriften tippen Sie gleich: „Infos zum Meeting", „Meine Frage dazu", „Hintergrund".
3. Anschließend überlegen Sie sich die Prioritäten für diese Themen und einen sinnvollen Aufbau und ordnen die Überschriften in dieser Reihenfolge an.
4. Jetzt tippen Sie Ihren Text zu den jeweiligen Überschriften.
5. Erst abschließend überlegen Sie sich die passende Anrede und Grußformel, die perfekt an den Inhalt Ihrer E-Mail angepasst sind.

Karriere-faktor

Beziehungen gestalten

E-Mails sind eine wunderbare Möglichkeit, um Beziehungen zu gestalten: Sie können unaufdringlich und mit wenig Aufwand in Kontakt treten – auch zu lange vernachlässigten oder fremden und in der Öffentlichkeit stehenden Menschen, manchmal auch über alle Hierarchiegrenzen hinweg. Sie steuern die Beziehung durch den Tonfall und durch Anrede und Grüße. Sie bestimmen, wie nah oder distanziert, wie häufig oder sporadisch Sie in Beziehung treten wollen. Sie senden und empfangen Signale, die Ihnen zeigen, in welche Richtung sich die Beziehung entwickelt.

Wenn Sie das E-Mail-Schreiben nicht nur als Möglichkeit der Informationsvermittlung verstehen, sondern damit Beziehungen und Netzwerke weiterentwickeln wollen, können Sie einen wichtigen Karriereschritt tun. Denn Sie überprüfen ständig Beziehungsqualitäten: Wie stehen wir zueinander? Welche Formulierung passt dazu? Was erfreut diesen Menschen? Wie kann ich es so formulieren, dass er nicht beleidigt ist?

Wofür Sie beim E-Mail-Schreiben bereits die Basis geschaffen haben, das nehmen Sie mit in die mündliche Kommunikation. So fühlen Sie sich auch sicherer, wenn Sie bei einer komplizierten Beziehungsgeschichte jemanden ansprechen: den Mitarbeiter, der früher Ihr Chef war. Die Kollegin, in die Sie verliebt waren und die Sie ein Jahr nicht gesehen haben. Den Kunden, der vor einem Jahr ein großes Projekt in Auftrag gegeben hatte. Und gute Beziehungen – das wissen Sie – gehören zu den wichtigsten Karrierebeschleunigern.

Kompakt: Für den Leser schreiben

■ Ihre E-Mails kommen in Ihrem Sinn an, wenn Sie sich auf die Bedürfnisse der Empfänger einstellen.

■ E-Mail-Leser wollen so schnell wie möglich lesen – und brauchen deshalb kurze E-Mails mit deutlichen Struktursignalen und klar formulierten Anliegen. Strukturieren Sie Ihre Inhalte durch Absätze, Leerzeilen, Kurzüberschriften oder getrennt verschickte Nachrichten.

■ Der Kontakt zum Empfänger lässt sich durch Anrede und Grüße, aber auch durch Absenderadresse, Betreffzeile und Signatur mitgestalten.

■ Planen und formulieren Sie Ihre E-Mails in fünf Schritten direkt im Nachrichten-Formular.

9. „Ich kann mich nicht gut ausdrücken"

Wie Sie einen guten Schreibstil entwickeln

Man brauche gewöhnliche Worte und sage ungewöhnliche Dinge.

Arthur Schopenhauer

Write as you speak.

Daniel Perrin, Schreibforscher

Schreiben, wie man denkt und spricht – und Schreiben wäre so einfach. Doch viele Menschen haben eine Hemmschwelle im Kopf, die sie daran hindert, sich einfach und direkt auszudrücken. Diese Hemmschwelle verwehrt Fachfremden den Zugang zu wissenschaftlichen Erkenntnissen, lässt Informationsschreiben halb gelesen in den Papiermüll flattern und hält unverständliche Verwaltungstexte am Leben. Wie im folgenden Beispiel.

Fallbeispiel

Johann Berg

Der junge Diplom-Politologe arbeitet für eine Regierungspartei und schreibt Antwortbriefe an interessierte, ratlose oder erboste Bürger, die nachfragen, sich beschweren, aufmerksam machen. Er weiß, dass er umständlich schreibt, zu lang und mit komplizierten Satzkonstruktionen. Ich habe einen zweiseitigen Briefentwurf von ihm gelesen, in dem er erklärt, warum die Verkehrsberuhigung in einer Straße mit mehreren Kindergärten immer noch nicht erfolgt ist. „Erklären Sie doch mal in drei Sätzen, was Sie Frau Schulz mitteilen wollen", schlage ich ihm am Telefon vor. Johann Berg fasst souverän die bisherigen Aktivitäten und Verzögerungsgründe zusammen. „Ich habe alles sofort verstanden", sage ich. „Dann schreiben Sie es jetzt genau so auf." Johann Berg fängt an zu schreiben. Doch schon beim zweiten Satz hält er inne und kommentiert seinen Satzanfang, schreibt weiter, stockt wieder, setzt neu an – und bricht schließlich entnervt ab. „Jetzt habe ich schon vergessen, wie ich es eben gesagt habe. Genau so läuft es immer, das ist eben mein Problem." In den nächsten Wochen arbeiten wir daran, die Blockaden zu lockern, die ihn vom flüssigen Schreiben abhalten.

Johann Berg ist einer von vielen, die sich damit abmühen, ohne Knoten im Kopf schriftlich zu formulieren. In seinem Regal stehen Bücher zum guten Stil, die ihm vor allem beim Überarbeiten geholfen haben, seine Texte stilsicher und verständlicher zu formulieren. Sich schon beim Rohtexten gut auszudrücken, bleibt dennoch schwierig. Die Gründe dafür liegen oft dort, wo das Schreiben gelernt wurde – in der Schule: Das große rote A für mangelhaften Ausdruck hat bei vielen Menschen zu oft am Rand von Klassenarbeiten und Klausuren geleuchtet, um der eigenen Ausdrucksweise noch vertrauen zu können: Grammatik-, Rechtschreib- und Stilregeln verbauen den freien Schreibfluss.

Zudem kritisiert kaum jemand Texte in Hinblick auf guten Stil: Wie klingt dieser Text, wodurch wirkt er stimmig, an welchen Stellen erscheint er zu kompliziert? So fehlt der Lerneffekt, und der nächste Text gerät genauso gut oder schlecht wie der vorherige.

Deshalb möchte ich Ihnen in diesem Kapitel einen weiteren Ansatz vorstellen, um Ihren eigenen Schreibstil zu entwickeln: Lassen Sie sich von Ihrer inneren Sprache inspirieren. Dann schreiben Sie im Einklang mit sich selbst. Auf diese Weise entstehen stimmige Wörter, Sätze und Texte und Sie treffen den richtigen Tonfall wie von selbst. „Voice" nennt Peter Elbow, einer der einflussreichsten Schreibforscher und -lehrer, diese eigene Schreibstimme: Der Text entsteht aus einem inspirierten Schreibfluss, erklingt im lebendigen Rhythmus und vermittelt Kraft und Individualität. Das erzeugt Resonanz beim Lesen.

Authentisch schreiben – die eigene Schreibstimme entwickeln

Aber wie kann man diese eigene Schreibstimme entwickeln? Indem Sie eins zu eins das aufschreiben, was Sie denken und damit wirklich meinen. Ohne Umwege. So nähern Sie sich mit der Zeit an das an, was Ihr authentisches Denken und Schreiben ausmacht. Die folgenden Vorschläge erleichtern Ihnen den Schritt zum authentischen Schreiben.

Schreiben, wie man spricht

Johann Berg übt inzwischen, so zu schreiben, wie er spricht. Denn mündlich drückt er sich sehr viel prägnanter aus als schriftlich. Diese Fähigkeit nutzt er jetzt systematisch: Er stellt sich vor, er würde seinen Lesern im Gespräch erklären, was er schreiben will. Sprechen gelingt nämlich bei vielen Menschen flüssiger und direkter als Schreiben. Ist das auch bei Ihnen so, könnten Sie Folgendes ausprobieren: Sprechen Sie laut oder innerlich aus, was Sie aufschreiben wollen – diktieren Sie sich selbst beim Schreiben, sprechen Sie zu einem fiktiven Gegenüber oder dem Diktiergerät. Und: Achten Sie nicht auf Brüche, Satzungetüme und Grammatik.

Dieser Ansatz hält inzwischen auch Einzug ins Management: So hat einer der führenden Schreibforscher im deutschsprachigen Raum, Daniel Perrin, für seine Schreibtechnik WAYS (Write-As-You-Speak) bereits eine passende Software WAYSbase entwickelt.

Auf die eigene Schreibstimme hören

Die eigene Schreibstimme ist nicht einfach da und wartet nur darauf, aufgeschrieben zu werden. Sie möchte erlauscht, hervorgelockt und kultiviert werden. Richten Sie die Aufmerksamkeit auf Ihre Denkwege im Kopf und weniger auf die Sätze, die auf Papier oder Bildschirm erscheinen. Dann schreiben Sie mit der Zeit immer deutlicher Ihre ursprünglichen Gedanken – und verbauen sie immer weniger mit komplizierten Formulierungen und Floskeln. Und schließlich häufen sich die Momente, in denen Sie Ihre eigene Stimme ganz direkt in die Tasten tippen und später in Ihren Texten „hören".

Dazu noch ein Hinweis: Der Feinschliff für den Text, also die Suche nach dem passenden Wort, das akribische Feilen an einzelnen Sätzen und der kritische Blick auf Textverständlichkeit, gehören im Schreibprozess ganz klar zum Überarbeiten. Denn die eigene Schreibstimme ist scheu und lässt sich durch strenge Textkritik schell verjagen. Beim Rohtexten, bei dem die Schreibstimme zum ersten Mal erklingt, hat diese Feinarbeit deshalb noch nichts zu suchen.

Regelmäßig schreiben

Schreiben Sie mäßig, aber regelmäßig, am besten täglich. Und wenn es nur E-Mails sind. Würden Sie tage-, wochen- oder monatelang nicht reden, so würden Sie vermutlich stocken und nach Worten suchen. Warum sollte es beim Schreiben anders sein?

Mehrstimmig schreiben

Schreiben Sie Nebenstimmen mit in den Rohtext, anstatt darüber zu grübeln und Ihren Schreibfluss dadurch auszubremsen. Vielleicht mäkeln Sie innerlich mal einen Satz lang oder merken an, dass hier noch ein passendes Wort fehlt. Schreiben Sie das auf. Auch das Eigenlob für eine gute Formulierung wird aufgeschrieben. Markieren Sie alle Nebenstimmen immer mit Sternchen oder anderen Zeichen, um diese Sätze beim Überarbeiten einfach wieder löschen zu können: **So könnte zum Beispiel dieser Satz als Nebenstimme gekennzeichnet sein, ohne dass man zur Maus greifen muss, um die Textstelle zu markieren**. Dadurch schreiben Sie flüssiger und integrieren die Nebenstimmen, anstatt Sie zu zensieren. Sie erhalten wertvolle Hinweise für Ihren Text und bekommen zugleich Anhaltspunkte, wie Sie sich beim Schreiben fühlen.

Schreiben, wie Sie sind

Wie wäre es, wenn man durch Ihre Texte etwas über Ihre Person und Ihre Stärken erführe? Wenn Ihre Texte zu unverwechselbaren Markenzeichen würden? Integrieren Sie Ihre Eigenheiten: So wie Sie als Person sind, so schreiben Sie auch. Denken Sie über die folgenden Fragen nach: Wie beschreibe ich mich als Person? Was sind meine Stärken und Schwächen? Wie rede ich mit anderen? Was ist charakteristisch für meine Ausdrucksweise? Welche dieser Eigenschaften lassen sich aufs Schreiben übertragen? Dazu ein Beispiel: Wer sich gerne ausführlich in ein Thema vertieft, eher langsam und gründlich denkt und handelt, der schreibt auch fundierte und ausführliche Texte. Solange Sie nicht die anvisierte Textlänge sprengen, zeigen Sie sich mit einer Ihrer Stärken und gewinnen dadurch Leser. Ein weiteres Beispiel: Wer im Arbeitsleben schnell, effizient, ergebnisorientiert arbeitet und damit gut fährt, schreibt besser kurz und bündig – allerdings so, dass seine Leser noch folgen können. Das passt zu seiner Person.

Vorbildtexte finden

Lesen Sie jeden fremden Text auf zwei Arten – achten Sie neben Inhalt und Struktur auch auf den Schreibausdruck. Sie schärfen dadurch Ihren Sinn für Stil, Stimmigkeit und Wirkung: Wo schreibt jemand hölzern? Was klingt gut? Welcher Stil passt zu mir? Wodurch bekomme ich Lust zum Weiterdenken und Losschreiben? Was nehme ich mir zum Vorbild?

Mit Spaß schreiben

Schreiblust beim Autor erzeugt Leselust beim Leser. Ganz direkt. Denn wenn Sprache sich entfalten kann, wird sie elegant, anmutig, schön. Und so liest sie sich dann auch.

Damit sind wir schon bei einem weiteren Thema, das zum stimmigen Schreibausdruck gehört, nämlich der Beziehung zum Leser.

Im Kontakt mit den Lesern

Stimmig schreiben heißt: Der Text passt zum Autor, aber auch zum Leser. Erst dann ist der Text rund. Die authentische Schreibstimme allein reicht also noch nicht – allzu leicht könnte sie am Leser vorbeisprechen. Treten Sie deshalb in Kontakt mit Ihren Lesern. Zum Beispiel so, wie Johann Berg es inzwischen bei seinen Briefen macht.

Johann Berg

Wochenlang experimentierte er mit der Antwort auf die Frage „Wie kann ich meine gute mündliche Ausdrucksfähigkeit aufs Schreiben übertragen?" herum. Jetzt geht er so vor: Er setzt sich an seinen Computer. Er schließt kurz die Augen. Er malt sich die Personen, an die er schreibt, so konkret wie möglich aus: Frau Schulz steht an der Straßenecke und versucht, die Autos und ihre drei Kinder gleichzeitig im Blick zu behalten; bei der Antwort auf einen anderen Brief sieht er den wütenden alten Herrn Müller mit spärlichem weißem Haar und hört seine umständliche Sprechweise. Dann ergreift Johann Berg das Wort – innerlich: Er spricht den ersten Satz, an Herrn Müller gerichtet. Er öffnet die Augen und schreibt den Satz auf, spricht weiter mit Herrn Müller. Schreibt wieder. Er muss eine gehörige Portion Disziplin aufbringen, um sich sein Gegenüber ständig zu vergegenwärtigen. Aber es gelingt.

Bei Johann Berg lohnt sich die Mühe: Die Briefe sind jetzt verständlich formuliert und deutlich kürzer. Und sie werden schneller fertig. Er hat seinen Weg gefunden, den Kontakt zum Leser aufzubauen. Keine leichte Aufgabe, denn beim Schreiben gibt es ein Problem, mit dem sich Sprachwissenschaftler seit Langem auseinandersetzen: Die Kommunikation zwischen Schreiber und Leser ist asynchron, die Sprechsituation ist „zerdehnt". Während der Gesprächspartner sofort reagiert, fehlt diese Rückmeldung beim Schreiben. Der Schreibende kann deshalb auch nicht korrigieren, erklären, zurücknehmen und den Gesprächsfaden anpassen, wie er es im mündlichen Gespräch täte. Mit etwas Übung können Sie jedoch diesen leeren Kommunikationsraum beim Schreiben mit anderen Mitteln füllen.

Beziehung aufbauen – real und fiktiv

Lernen sie Ihre Leser vor dem Schreiben kennen, um sich beim Schreiben mit Ihnen in Beziehung zu setzen. Oder machen Sie es wie Johann Berg und stellen Sie sich einen fiktiven Leser so detailreich wie möglich vor: Wie alt ist er? Wie ist er gekleidet? Wie lebt er? Was tut er? In welcher Situation liest er Ihren Text? Setzen Sie diesen Leser in der Vorstellung ruhig einmal auf Ihre Schreibtischkante und lassen Sie ihn beim Schreiben zuhören. Achten Sie aber darauf, dass dieser Leser grundsätzlich wohlwollend ist.

Er schaltet sich höchstens mit produktiven Fragen ein – niemals ist er ein mäkeliger Kritiker.

Schreiben mit Blickkontakt

Bringen Sie Ihre Beziehung zum Leser direkt in den Text ein – wie es im persönlichen Gespräch einem Blickkontakt entsprechen würde. Blickkontakt im Text heißt, den Leser direkt anzusprechen, mögliche Einwände vorwegzunehmen, Fragen des Lesers zu erahnen und darauf zu antworten. Sie zeigen damit: Ich bin an deinen Fragen interessiert und nehme sie ernst. Zum Beispiel so: „Wie Sie das neue Tool integrieren können? Zunächst …" Schreiben Sie möglichst in Ich- bzw. Wir-Form, anstatt sich als Autor hinter Passivkonstruktionen zu verstecken und damit Blickkontakt zu vermeiden: „Wir sind zu dem Schluss gekommen" statt „Es wurde beschlossen". Wenn Sie den Leser direkt ansprechen, etwa bei Brief und E-Mail, schreiben Sie: „Ich lege Ihnen die neue Broschüre bei" statt „Die neue Broschüre liegt bei". Verwenden Sie ruhig auch ein zweites Mal den Namen des Empfängers, denn beim eigenen Namen merkt jeder auf: „Frau Krohn, ich freue mich, am Donnerstag alles Weitere zu besprechen. Es grüßt Sie freundlich …"

Feedback erfragen

Nutzen Sie Ihre Chancen, die Kontaktaufnahme zunehmend stilsicher zu gestalten und sich als Autor weiterzuentwickeln, indem Sie Feedback von Ihren Lesern erfragen: „Wie hat Ihnen mein Brief gefallen? War alles verständlich oder haben Sie noch Fragen?" Oder bitten Sie um ein Feedback von Menschen, die zu Ihrer Lesergruppe gehören könnten: „Wie liest sich der Text? Wo bist du neugierig geworden? Wo hast du abgeschaltet und warum?" Lassen Sie Ihre Texte schon lesen, *bevor* sie fertig sind. Auch unfertige Texte vermitteln die Stimmung und schlagen einen bestimmten Ton an. Prüfen Sie bei der Auswahl der Feedbackgeber jedoch, ob diese ein Eigeninteresse haben könnten: Konkurrenten und Neider kritisieren vielleicht missgünstig.

Allzu oft landen unfertige Texte nie bei Testlesern. Weil der Autor Angst vor kritischem Feedback hat oder nicht auf die Idee kommt, es gäbe etwas zu verbessern. Das folgende Beispiel zeigt, wie wichtig es ist, sich auch dann Feedback zu leisten, wenn man sich sicher fühlt.

Anna König

Die Diplom-Sozialpädagogin schickt mir die ersten Kapitel für ihren neuen Ratgeber über den Umgang mit Alzheimer-Familienangehörigen zu. Während es bei anderen Kapiteln gut ausfällt, kritisiere ich bei einem Kapitel ihre Leseransprache: „Ihr Tonfall gefällt mir hier nicht. Ich fühle mich als Leserin bevormundet und von oben herab angesprochen. Dabei sind die meisten Leser doch längst selbst Experten und möchten Ratschläge auf Augenhöhe." Ich höre förmlich durchs Telefon, wie nervös sie wird. Ich weiß auch, wie viel Mühe sie die bisherigen Kapitel gekostet haben. Dennoch empfehle ich ihr, Teile des Kapitels komplett neu zu schreiben.

Was war passiert? Im Gespräch wurde bald klar, dass Anna König beim Schreiben des Kapitels an ihrer Überzeugungskraft gezweifelt hatte. Sie wollte die Leser von etwas überzeugen, was diese – nach ihrer Einschätzung – sicher anders sehen würden. Gerade deshalb schlug sie einen arroganten Tonfall an, der ihre Unsicherheit überspielen sollte. Eine naheliegende Reaktion, schließlich reagieren viele Menschen mit Arroganz, wenn sie sich verunsichert fühlen. Möglicherweise hätte sie ohne Feedback diesen Tonfall auch beim späteren Überarbeiten übersehen.

Doch auch wer sich um Feedback bemüht, erfährt möglicherweise nur auf indirektem Wege, dass sein Tonfall unpassend ist. Wenn überhaupt:

Jan Kregel

Der neue Geschäftsführer eines Stahl verarbeitenden Betriebes taucht ab und zu im Freizeithemd und ohne Schlips auf und reißt in manch ernster Sitzung zwischendurch einen Witz. Auch seine Briefe an Geschäftspartner und wichtige Kunden sind locker formuliert. Er will einen modernen Briefstil in seinem Betrieb etablieren und damit den Kanzleistil ablösen, den seine Mitarbeiter pflegen. Doch manchmal fragt er sich, ob der Tonfall auch dem Geschmack der Empfänger entspricht, die Korrespondenz der alten Schule gewöhnt sind. „Ich frage ja öfter nach, wie jemand meinen Brief fand", berichtet er, „aber da redet niemand offen. Hintenrum höre ich dann von meiner Assistentin, dass derjenige irritiert oder verärgert war." Inzwischen formuliert er seine Briefe zähneknirschend etwas konservativer.

Dass Jan Kregels Briefe irritieren und dennoch nur hinter vorgehaltener Hand darüber gesprochen wird, ist für ihn natürlich unangenehm. Und doch hat er Glück, dass er zumindest auf indirektem Weg etwas erfährt. So kann er seinen Stil korrigieren und den Ansprüchen seiner Leser anpassen.

Wenn Sie also für einen guten Leserkontakt sorgen, haben Sie zusammen mit Ihrer authentischen Schreibstimme eine gute Basis, um sich in Zukunft noch souveräner auszudrücken und damit einen entscheidenden Karrierefaktor weiterzuentwickeln.

Karriere-faktor

Sich souverän ausdrücken

Haben Sie erst einmal einen souveränen Schreibausdruck entwickelt, so vermitteln Sie damit Kompetenz, zum Beispiel in Angeboten und Präsentationen: Sie beherrschen auch Ihr Thema souverän. Das kann Entscheidungen beeinflussen. Vor allem bei Auftraggebern, die kein Produkt, sondern eine Beratungs- oder andere Dienstleistung beauftragen wollen, den Erfolg der Dienstleistung also noch nicht einschätzen können. Sie kaufen die Katze im Sack und müssen sich oft auf den guten Eindruck des Angebotes verlassen.

Die Schritte zum souveränen Schreibausdruck können Sie auf die mündliche Kommunikation übertragen. Denn auch dort macht der Ton die Musik. Auch dabei können Sie den passenden Tonfall besser treffen, wenn Sie auf Ihre innere Stimme hören und sich sensibel auf Ihr Gegenüber einstimmen.

Kompakt: Die eigene Schreibstimme

■ Hören Sie beim Schreiben auf Ihre eigene Schreibstimme, so schreiben Sie leichter und schneller. Authentisch, kraftvoll und originell.

■ Oft dringt die eigene Schreibstimme nur noch leise durch die vielen Schreibregeln. Schreiben Sie also anders als bisher: so wie Sie sprechen, mehrstimmig, zu Ihrer Persönlichkeit passend und mit Spaß.

■ Bauen Sie fiktiv und real eine Beziehung zum Leser auf, um sich auf ihn einzustellen. Bitten Sie um ein Feedback zu Ihren Texten.

■ Drücken Sie diese Beziehung schriftlich aus – indem Sie Ihre Person einbringen, Fragen aufgreifen und den Leser direkt ansprechen.

Fantasie ist wichtiger als Wissen.

Albert Einstein

Wenn du es nicht in deinem Innern findest, wo willst du danach suchen?

Konfuzius

Täglich sitzen Wissensarbeiter vor leeren Dokumentseiten, suchen in fremden Texten, kopieren aus dem Internet und schreiben unter Termindruck schließlich doch irgendetwas zusammen. Für die besonderen Ideen, die den Text fundiert, einfallsreich und beeindruckend machen, ist im Berufsalltag oft kein Platz. Auch die Mitarbeiterin im folgenden Beispiel kämpft mit der Leere im Kopf.

Fallbeispiel

Susanne Hertel

Die Reiseverkehrskauffrau einer kleinen Agentur für umweltfreundliches Reisen sitzt vor ihrem Bildschirm und starrt auf das leere Textfeld. Heute ist Dienstag. Freitag soll sie ein Konzept für ein Mitarbeiter-Fortbildungsprogramm vorlegen. Sie hatte eigentlich Lust gehabt, das Konzept zu schreiben und sah Chancen, sich als vielseitige Mitarbeiterin zu profilieren. Den ganzen Vormittag hat sie sich fürs Schreiben frei gehalten. Aber jetzt? In ihrem Kopf sieht es genauso leer aus wie auf dem Bildschirm. Mit einer vagen Vorstellung schreibt sie mühsam zwei, drei Sätze – und trinkt dann erst einmal einen Tee. Von ihren Kollegen kann sie keine Hilfe erwarten. Die sind froh, dass sie es nicht machen müssen. Sie wartet und hofft auf ein paar rettende Ideen.

Um auf geniale Lösungen zu kommen und damit die eigene Arbeit, das Projekt, das Unternehmen weiterzubringen, muss Denken sich frei entfalten können. Wie aber erreicht man diese Freiheit des Denkens? Um diese Frage zu beantworten, hilft es zu wissen, wie neue Ideen überhaupt entstehen.

Von der vagen Vorstellung zur konkreten Textidee

Stellen Sie sich vor, Sie denken seit Tagen über ein Problem nach. Jetzt haben Sie gerade etwas Zeit und lassen den Gedanken dazu freien Lauf. Was passiert in Ihrem Kopf? Wo kommen die Gedanken her, wie reifen sie zu einem Ergebnis? Sie merken vielleicht schon: Der Denkvorgang lässt sich nur schwer erfassen und bewusst steuern. Schließlich liegt der Keim eines Gedankens verborgen in den Tiefen des Gehirns. Der Begründer der Psychoanalyse, Sigmund Freud, nannte den Bereich des Gehirns, der unserer bewussten Wahrnehmung verschlossen ist, das Unbewusste. Alles, was wir von unserem Denken wahrnehmen, liegt außerhalb dieses Unbewussten: Kurz vor dem Einschlafen, beim Aufwachen, beim Tagträumen und im Entspannungszustand zeigen sich uns die ersten Vorläufer des bewussten Denkens. Aus dem Vorbewusstsein heraus entwickelt sich dann eine immer noch nebulöse Gesamtvorstellung. Damit kann unser Bewusstsein arbeiten: Der Gedankenstrom, diese große Assoziations- und Bilderflut, beginnt sich nach und nach zu gliedern. Es bilden sich Denkinseln, die gegenüber anderen Assoziationen in den Vordergrund treten und miteinander verknüpft werden. Das Denken hat einen Kern entwickelt. Eine Idee blitzt im Kopf auf. Die Denkinhalte entwickeln sich nun in Richtung Sprache und eventuell zu Bildern weiter: Bildgedanken, Worte oder Satzfragmente tauchen vor dem inneren Auge auf oder werden innerlich hörbar. Wortblöcke und Satzfragmente werden durch Grammatik verknüpft, und am Ende steht ein fertiger Satz – geschrieben oder gesprochen.

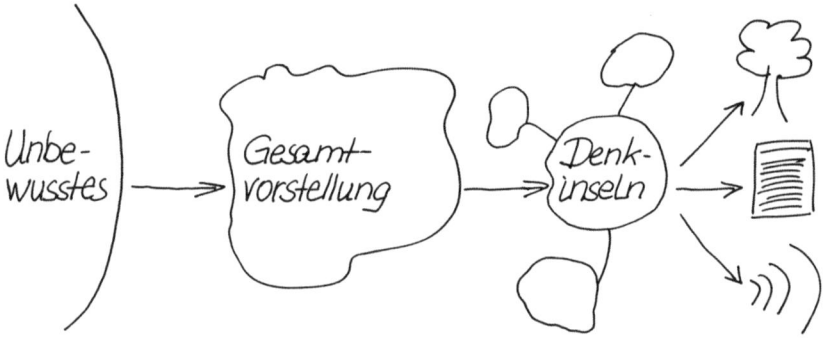

Um nun auf mehr gute Ideen als bisher zugreifen zu können, können wir das eigene Unbewusste aktivieren. Das gelingt zum Beispiel, indem wir assoziieren und mit kreativen Techniken unbewusste Inhalte ins Vorbewusstsein und schließlich ins Bewusstsein ziehen. Je mehr Sie trainieren, das frühe halbbewusste Denken wahrzunehmen, desto leichter knüpfen Sie an das riesige Potenzial des Unbewussten an. Dabei helfen die folgenden Denkstrategien.

Denken im Kopf, im Gespräch und beim Schreiben

Sowie das Bewusstsein die Regie beim Denken übernommen hat, können Sie verschiedene Denkstrategien nutzen, um kreativ weiterzudenken: Kopfdenken, Sprechdenken und Schreibdenken.

Kopfdenken

Beim Kopfdenken reifen die Gedanken im Kopf, oft im lautlosen inneren Dialog. Eine fantastische, beeindruckende und jedem vertraute Möglichkeit des Denkens. Doch auch wenn jeder von uns auf diese Weise denkt, sind diese Gedanken mitunter äußerst wankelmütig: Sie springen von einem Thema zum anderen, angeregt durch Sinneseindrücke und Assoziationen. Nach einigen Minuten ist das Denken oft unbemerkt an fremden Themenufern gelandet. Somit ist ein deutlicher Vorteil des Kopfdenkens zugleich sein größter Nachteil: Das Denken geht so leicht, dass das Boot nur schwer auf Kurs zu halten ist, insbesondere im aufgewühlten Meer. Deshalb nutzen viele Menschen eine weitere Art des Denkens, wenn Sie auf eine neue Idee kommen wollen.

Sprechdenken

Heinrich von Kleist hat um 1805 einen berühmten Aufsatz verfasst: „Über die allmähige Verfertigung der Gedanken beim Reden". Er beschreibt, wie sich während des Redens mit einem anderen Menschen, der einfach zuhört, „jene verworrene Vorstellung zur völligen Deutlichkeit" ausprägt und sich schließlich eine Erkenntnis entwickelt, die zuvor nicht da war. Neues Wissen wird geboren. Das Weiterdenken im Gespräch kennen viele von uns als eine großartige Möglichkeit, seine Ideen voranzubringen. Im Austausch inspirierender und sich gegenseitig befruchtender Gedanken entstehen neue Erkenntnisse. Voraussetzung: Sie haben Menschen, mit denen Sie inspirierende Gespräche führen können, die Ihnen in Ruhe zuhören und Raum lassen für die Entfaltung von Gedanken. Weitere Voraussetzung: Sie sind ein Mensch, der im Beisein anderer Menschen gut weiterdenken kann. Für diejenigen, denen das nicht liegt oder die ihre Denkmöglichkeiten erweitern wollen, ist das Schreibdenken als dritte Denkstrategie interessant.

Schreibdenken

Kennengelernt haben Sie das Schreibdenken bereits im ersten Kapitel. Hier erfahren Sie noch mehr darüber, bevor Sie im zweiten Teil des Buches verschiedene Übungen dazu ausprobieren. Ein großer Vorteil gegenüber dem Sprechdenken ist etwa, dass Sie nicht auf passende Gesprächspartner angewiesen sind. Sie können jederzeit schreibdenken, wenn Sie Papier und Stift oder einen Computer zur Hand haben. Darüber hinaus entstehen andere Denkresultate, denn Ihr Denken geht in eine ungewohnte Richtung. Nicht umsonst heißt das Schreibdenken bei Schreibforschern auch „entdeckendes Schreiben": Sie entdecken Denkorte, zu denen Sie auf anderem Weg schwerer Zugang finden würden.

Nutzen Sie also das Schreibdenken, wenn Sie Ihre bisherigen Denkstrategien nicht erfolgreich genug finden oder einfach Ihre Möglichkeiten erweitern wollen. Zum Beispiel, wenn

- Sie höchstens unkonzentrierte Gesprächspartner für Ihre Themen haben – mit Schreibdenken können Sie sich selbst ein aufmerksamer Zuhörer und Leser sein.

- Sie eher introvertiert sind und das gemeinsame Nachdenken im Gespräch Sie verunsichert oder anspannt statt inspiriert – beim Schreibdenken denken Sie unbewertet und unzensiert drauflos.

- Sie es nicht (mehr) gewohnt sind, komplexe Gedankengänge in Ruhe und ohne Abschweifungen zu Ende zu denken – Schreiben hilft Ihnen, konzentriert bei einer Sache zu bleiben.

- Ihre Gedanken sich oberflächlich im Kreis drehen und nichts Neues dabei entsteht – Schreibdenken hilft Ihnen, in tiefere Denk- und Bewusstseinsschichten vorzudringen.

- Sie Ihre guten Einfälle oft zehn Minuten später schon wieder vergessen haben (das ist normal) – beim Schreibdenken haben Sie alles schwarz auf weiß. Später können Sie damit weiterarbeiten.

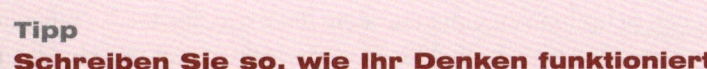

Tipp
Schreiben Sie so, wie Ihr Denken funktioniert

Finden Sie heraus, wie Ihr persönlicher Denkvorgang funktioniert: Wann haben Sie die besten Ideen? Wie merken Sie sich diese? Denken Sie in Bildern, in Wörtern, in vollständigen Sätzen, konzentriert oder sprunghaft, abschweifend, assoziativ? Wenn Sie nun das Schreiben fürs Weiterdenken nutzen wollen, so überlegen Sie sich, welche Darstellung zu Ihrer persönlichen Denkart am besten passt: Denken in Bildern spricht eventuell für bildhafte Denkskizzen. Zum Stichwortdenken passt vielleicht ein Wortsprint in Stichworten, zum Denken in Sätzen dagegen ein Gedankensprint in vollständigen Sätzen.

„Und plötzlich hatte ich eine Idee" – Wie Sie den genialen Einfall kultivieren

Die Reiseverkehrskauffrau aus dem Beispiel zu Beginn dieses Kapitels hat inzwischen etwas Neues ausprobiert, um einfallsreicher zu schreiben:

Fallbeispiel

Susanne Hertel

Sie sitzt nicht mehr grübelnd und schließlich frustriert vor ihrem Bildschirm. Sondern sie steht auf und entstresst ihren Kopf bei einer Minipause, indem sie im Gang auf und ab läuft. Eine lange Strecke. Und dabei tut sie etwas, was früher fehlte: Sie achtet auf plötzliche Gedankenblitze in der Mittagspause, während sie mit ihrer Kollegin redet oder wenn sie wenig fordernde Tätigkeiten abarbeitet. Sie zückt dann ihr kleines Notizbuch im Hosentaschenformat und schreibt. Einige Kollegen schauen zwar mit einem Gesichtausdruck der Sorte „Was schreibt sie denn da schon wieder?", andere aber laufen jetzt schon mit einem ähnlichen Buch herum.

Susanne Hertel weiß, dass der kreative Geistesblitz nicht von ungefähr kommt. Ihm ist eine intensive Phase der inneren Auseinandersetzung mit einem Thema vorausgegangen – bewusst oder unbewusst. „Genie ist ein Prozent Inspiration und 99 Prozent Transpiration", äußerte Thomas Alva Edison, einer der erfolgreichsten Erfinder des zwanzigsten Jahrhunderts im Bereich der Elektrotechnik. Und diese 99 Prozent bestehen beim ideenreichen Schreiben zu einem großen Teil darin, die Gedankensplitter im Kopf systematisch zu sammeln. Und das gelingt mit verschiedenen Methoden.

Notizen machen

Wenn Sie guten Ideen keinen Raum geben, so bremsen Sie Ihr Denkpotenzial aus: Heute weiß man, dass im Gehirn die Verbindungen zwischen den Nervenzellen wie Muskeln auf- oder abgebaut werden – je nach Nutzung. Durch häufige Notizen bringen Sie Ihr Gehirn in Schwung, und zwar in die Richtung, in die Sie es haben wollen: hin zu Ihrem Thema. Zugleich überfordern Sie sich aber nicht durch lange Denk- und Schreibeinheiten, ein spielerisches Element bleibt erhalten und fördert die Kreativität umso mehr.

Tipp
Notizbuch oder Diktiergerät – immer dabei

Nutzen Sie für Ihre Ideen ein kleines Notizbuch, das in die Tasche passt und schnell und überall zur Hand ist. Eine weitere Möglichkeit für Ideennotizen ist das Diktiergerät. Die Hemmschwelle, Ideen festzuhalten, ist damit noch geringer, denn heute sind digitale Diktiergeräte kleiner als ein Handy und lassen sich einfach und unauffällig bedienen.

Wachsam bleiben

Seien Sie jederzeit wachsam für aufblitzende Gedanken und Anregungen aus Ihrer Umwelt. Ein Plakat, ein Musiktext oder ein Bild zu den Themen, die Sie bearbeiten wollen, kann den entscheidenden Einfall auslösen. Das bedeutet, wie Susanne Hertel auch dann aufmerksam zu sein, wenn Sie gerade andere Schreibprojekte bearbeiten, im Kollegengespräch sind oder eine Apfelsine schälen. Denn Ideen haben die Angewohnheit, gerade dann aufzutauchen, wenn man nicht nach ihnen sucht.

Den Nachhall nutzen

Nach einem Sprint muss der Sprinter hinter der Ziellinie erst auslaufen, um den Schwung abzubauen. Genauso laufen auch die Gedanken zum Schreibprojekt noch weiter, obwohl Sie längst etwas anderes tun: Wie ein Nachhall erklingen noch später Gedanken im Kopf, die es festzuhalten lohnt. Achten Sie also besonders auf weitere Ideen in den Stunden nach dem Schreiben.

Die Vorzeichen ändern

Wechseln Sie Ihren Schreibort, denn Denken ist an Orte gebunden – Ortswechsel lassen Sie anders denken. Und schreiben Sie mit anderen Schreibgeräten – mit einem Füller, wenn Sie sonst Kugelschreiber benutzen, mit einem Notizbuch im Sessel, wenn Sie sonst am Schreibtisch mit der Tastatur schreiben.

Im Schlaf weiterdenken

Eine weitere Möglichkeit, kreative Einfälle zu entwickeln, ist die Arbeit mit dem Unbewussten im Schlaf: Wer vor dem Schlafen eine Problemlösung vorbereitet, indem er sich selbst Fragen stellt, kann in Träumen Lösungen dafür finden. Viele berühmte Wissenschaftler sind so auf die entscheidende Lösung für monatelang gewälzte Probleme gekommen. Allerdings: Nicht jeder möchte Arbeitsthemen mit ins Bett nehmen. Und nur wer sich vorher schon mit dem Problem beschäftigt hat, kann im Traum Lösungen erwarten.

So beeindrucken Sie mit Ihren Textideen

Susanne Hertel hat sich gefragt, was sie mit ihren Ideennotizen eigentlich anfangen soll: Wie beeindruckt man damit auch im Text? Die folgenden Vorschläge bieten Möglichkeiten, Ideen im Text einzusetzen.

Ideen effektvoll einführen

Kündigen Sie dem Leser mit Pauken und Trompeten an, dass jetzt eine geniale Idee kommt: Führen Sie einen originellen Aspekt mit einer rhetorischen Frage oder einer Ankündigung ein, die dem Leser gleich erklärt, dass jetzt etwas Wichtiges kommt: „Das Wichtigste zuerst: …", „Haben Sie schon einmal darüber nachgedacht …?" oder „Meine wichtigste Erkenntnis ist, …".

Originell strukturieren

Muss das Konzept immer vom Allgemeinen zum Besonderen voranschreiten? Muss es wirklich die althergebrachte Struktur für den Bericht sein? Oder könnten Sie mit neuen Ideen zu einem thematischen statt chronologischen Aufbau positiv überraschen? Entwickeln Sie nicht nur Ideen für den Inhalt, sondern auch für einen originellen Aufbau Ihres Dokumentes.

Überschriften wirken lassen

Formulieren Sie prägnante, ungewöhnliche, neugierig machende oder humorvolle Überschriften. Damit bringen Sie Ihre Ideen auch beim Leser groß heraus und setzen beeindruckende Akzente, die im Gedächtnis bleiben. Haben Sie Lust, in einem Jahresbericht neun Seiten zu der Überschrift „Rahmenbedingungen" zu lesen? Oder motiviert Sie die Überschrift „Schlank und schnell – So funktioniert unser Unternehmen" mehr zum Lesen?

Inzwischen hat Susanne Hertel ein für sie optimales Vorgehen entwickelt, das auch noch eine Menge Zeit spart:

Fallbeispiel

Susanne Hertel

- Am ersten Tag sammelt sie Gedanken in ihrem kleinen Notizbuch, vielleicht fünf oder acht Notizen (10 Minuten).

- Die tippt sie vor Feierabend noch schnell in eine Datei und freut sich, dass sie schon etwas hat (7 Minuten).

- Inzwischen ist ihr Denken zum Thema so aktiviert, dass sie auch zu Hause noch einiges notiert (5 Minuten).

- Am zweiten Tag liest sie sich morgens früh ihre Notizen noch einmal durch (3 Minuten) und markiert das Wichtigste. Dadurch lässt sie sich zu einer Gliederung inspirieren (10 Minuten).

- Der Rohtext entsteht am Abend des zweiten Tages. Wenn sie nicht mehr weiterweiß, schaut sie in ihre Ideennotizen, die sich im Lauf des Tages noch vermehrt haben, und holt sich dort neue Anregungen (20 Minuten).

- Am Morgen des dritten Tages glättet sie stilistische Holprigkeiten, formuliert knackige Überschriften und fügt Überleitungen ein. Die verarbeiteten Notizen streicht sie jeweils durch (15 Minuten).

- Nun bittet sie ihren Kollegen, den Text zu lesen und ihr ein Feedback zu Inhalt und Struktur zu geben. In der Mittagspause gehen sie seine Hinweise durch.

- Das Feedback arbeitet sie gleich ein und überarbeitet in Hinblick auf Stil, Textlänge und Verständlichkeit (15 Minuten).

- Formatieren, ausdrucken (5 Minuten) – ein ideenreicher Text ist fertig. Zeitaufwand insgesamt: anderthalb Stunden auf drei Tage verteilt.

Karriere-faktor **Vordenken**

Viele Leser sind es im Job gewohnt, langweilige Texte zu lesen, in denen sie Bekanntes und Naheliegendes wiederfinden. Wenn da ein Text auftaucht, der anders ist – stimmig formuliert, spannend strukturiert und mit originellen Gedankengängen argumentierend –, so beeindruckt das. Sie etablieren sich mit der Zeit als kreativer Vordenker und wecken Interesse an Ihrer Person und Ihrer Kompetenz. Und damit kommt wieder der Karrierefaktor ins Spiel: Man traut Ihnen immer mehr innovatives Denken zu und überlässt Ihnen dementsprechend anspruchsvollere Aufgaben. Wer wiederholt ideenreiche Konzepte und Strategiepapiere schreibt und in Meetings mit originellen Einfällen in den Vordergrund tritt, der denkt, schreibt und redet sich mit der Zeit nach oben.

Kompakt: Geniale Ideen für beeindruckende Texte

Die besten Ideen schöpfen Sie aus Ihrem Unbewussten. Dort ist der Ursprung des Denkens, das Gehirn assoziiert zu den dort entstehenden Impulsen und verknüpft sie schließlich mit Sinneseindrücken zu einer unerschöpflichen Gedankenfülle.

■ Sie haben die Wahl zwischen Kopfdenken, Sprechdenken und Schreibdenken. Nutzen Sie als neue Denkstrategie die Vorteile des bisher vernachlässigten Schreibdenkens.

■ Beeindruckende Texte entstehen zum Beispiel durch effektvoll eingeführte ungewöhnliche Gedankengänge, eine originelle Textstruktur und neugierig machende Überschriften.

2.TEIL

Ihr Trainingsprogramm für mehr Schreibfitness

Mit diesem Trainingsprogramm starten Sie in neue Erfolge im Job.

Die zehn Trainingseinheiten mit jeweils drei bis fünf Übungen orientieren sich an den Phasen des Schreibprozesses. So durchlaufen Sie mit den Übungen beispielhaft ein Schreibprojekt – mit Ihrem selbst gewählten Schreibthema. Nach der zehnten Trainingseinheit haben Sie alles einmal ausprobiert, was Sie für gutes Schreiben im Job brauchen. Vielleicht bedeutet das schon den entscheidenden Schub für Ihre Karriere.

Oder Sie suchen sich gezielt die Trainingseinheiten aus, mit denen Sie sich am besten weiterentwickeln können. Wie Sie die finden? Der Fitness-Check im folgenden Kapitel hilft Ihnen dabei. Dort lesen Sie auch Hinweise, welche Trainingseinheit zu welcher Schreibphase gehört. Viele Übungen dauern nur fünf Minuten. Es lohnt sich, sie während des Lesens gleich auszuprobieren. Denn was generell und fürs Schreiben gilt, trifft auch für das Trainingsprogramm zu: Später heißt oft nie. Halten Sie deshalb beim Lesen Stift und Papier griffbereit.

Haben Sie schon ein Schreibthema, anhand dessen Sie üben möchten? Was beschäftigt Sie beruflich gerade? Müssen oder wollen Sie vielleicht etwas schreiben, das Sie noch aufschieben? Zum Beispiel Ihre erfolgreiche Vertriebsstrategie, über die Sie seit Jahren einen Fachartikel schreiben möchten? Oder ein Statement für das Intranet? Sie können zum Ausprobieren natürlich auch ein privates Thema nehmen: etwa einen für Sie wichtigen Menschen oder Ihre Wunschzukunft in fünf Jahren.

Sobald Sie die Trainingseinheiten absolviert haben, stellen Sie sich Ihren persönlichen Schreibtrainingsplan zusammen und finden heraus, welche Übungen Sie im Arbeitsalltag am meisten voranbringen.

1. Trainingseinheit: Fitness-Check

Wie schreibfit sind Sie?

Starke Gründe bringen starke Handlungen hervor.
William Shakespeare

Denn wo käme man hin, wenn man in sich ginge.
Kurt Tucholsky

Wissen Sie eigentlich genau, wie Sie beim Schreiben vorgehen? Was Sie zum Schreiben motiviert – oder eben nicht? Wo Sie sich verändern wollen – und wie? Betrachten Sie das Fundament, auf dem Ihr Schreiben ruht. So werden Sie sich als Schreibender neu kennenlernen. Und wer sich kennt, schreibt besser. Wie bei jedem erfolgreichen Fitnessprogramm überprüfen Sie zuerst also, wie es um Ihre eigene Schreibfitness steht: Was gelingt mir gut? Wo könnte ich etwas Neues ausprobieren und wie motiviert bin ich dabei? Welcher Schreibtyp bin ich? Wie kann ich meinen Schreibprozess optimieren und welche weiteren Trainingseinheiten sind dafür besonders geeignet?

Reflektieren Sie Ihr Schreibverhalten

Es hat sich bewährt, Veränderungen in einem Dreischritt zu vollziehen: Bewusst machen – Motivation verbessern – neue Strategien prüfen. Zunächst beantworten Sie zu den ersten beiden Schritten einige Fragen. Zum dritten Veränderungsschritt – neue Strategien prüfen – kommen Sie, wenn Sie das gesamte Trainingsprogramm absolviert haben. Nehmen Sie für die folgende Übung ein Blatt Papier zur Hand und schreiben Sie Ihre Antworten zu folgenden Fragen auf:

Übung
Mein Schreibverhalten **10 Minuten**

1. Schritt für Veränderungen: Das eigene Schreibverhalten bewusst machen

- Was läuft schlecht, wenn ich schreibe?
  (Zum Beispiel: Ich mache ständig Pausen, bin zu unkonzentriert, lustlos.)

- Was geht gut beim Schreiben?
  (Zum Beispiel: Ich habe früh einen Plan, ich kann schnell losschreiben.)

- Welche Schreibaufgaben mag ich weniger?
  (Zum Beispiel: lange Texte, Antwortbriefe auf Beschwerden.)

- Welche Schreibaufgaben mag ich lieber?
  (Zum Beispiel: E-Mails schreiben, Präsentationen erstellen.)

- Was hindert mich am Schreiben und lenkt mich ab?
  (Zum Beispiel: zu wenig Zeit, eine lange Aufgabenliste.)

- Was motiviert mich zum Schreiben?
  (Zum Beispiel: Zeitdruck, Aussicht auf Veröffentlichung, Anerkennung.)
- Was bedeutet Schreiben für mich überhaupt?
  (Zum Beispiel: Stress, Innehalten, Nachdenken, Ruhe finden.)

2. Schritt für Veränderungen: Schreibmotivation verbessern
- Wie wichtig ist es mir, mein Schreiben zu verbessern? Gemessen auf einer Skala von eins (gar nicht) bis zehn (sehr wichtig).
- Wie sieht mein Idealbild des Schreibens aus?
  (Zum Beispiel: Ich sitze in Ruhe an meinem Schreibtisch, habe drei Stunden Zeit und schreibe flüssig drauflos.)
- Was will ich durch besseres Schreiben erreichen?
  (Zum Beispiel: schneller schreiben, mehr Schreibspaß.)
- Wie könnte Schreiben meine Karriere fördern?
  (Zum Beispiel: Ich gewinne besseren Zugang zu Ideen, Herr Z. wird auf mich aufmerksam, ich werde bekannter.)

Mit dieser ersten Übung haben Sie ein großes Stück Arbeit für alles Weitere geleistet. „Starke Gründe bringen starke Handlungen hervor", schrieb Shakespeare. Mit einer starken Motivation entwickeln auch Sie die Basis für starkes Schreiben.

Welcher Schreibtyp sind Sie?

Die Schreibforschung untersucht seit Langem Strategien für erfolgreiches Schreiben. Schreibdidaktische und -psychologische Ansätze geben wertvolle Hinweise, von welchen Schreibstrategien Schreibende besonders profitieren und wie sie Schreibprobleme vermeiden oder bewältigen können. Eine der wichtigsten Erkenntnisse: Es gibt zwei unterschiedliche Basisstrategien für das Schreiben, die sich stark unterscheiden und dennoch beide erfolgreich sein können.

Welcher Schreibtyp bin ich? ⏱ 5 Minuten

Was trifft auf Sie zu?

☐ Ich schreibe gerne „ins Unreine" drauflos und bringe meine Einfälle auch ungeordnet zu Papier.

☐ Beim Schreiben entstehen neue Gedanken, die ich vorher noch nicht hatte.

☐ Ich schreibe Tagebuch(-artig), um meine Gedanken und Gefühle zu klären.

☐ Ich schreibe eher lange Texte, bei denen es mir schwerfällt, eine Struktur zu finden oder einzuhalten.

☐ Ich verliere mitunter beim Schreiben die Orientierung und komme vom Kernthema ab.

☐ Ich verändere meinen Textaufbau noch während des Schreibens.

Anzahl Kreuze: ____

☐ Bis ich losschreibe, dauert es bei mir etwas länger, weil das Thema erst in meinem Kopf reifen muss.

☐ Ich habe schon alle Gedanken fertig im Kopf, die ich aufschreiben werde.

☐ Ich erstelle eine Gliederung, bevor ich mit der ersten Textversion beginne.

☐ Ich brauche eine klare Struktur, um gut schreiben zu können.

☐ Die „Angst vor dem weißen Blatt" ist mir vertraut, also das Zögern, mit dem Schreiben zu beginnen.

☐ Ich lasse meine anfangs erstellte Gliederung weitgehend unverändert.

Anzahl Kreuze: ____

Auswertung:

Der Drauflosschreiber

Haben Sie in der linken Spalte mehr Aussagen angekreuzt, dann sind Sie ein Drauflosschreiber, der dem Text erst während des Schreibens eine Struktur gibt: Eine wichtige Strategie, um beim Schreiben neue Ideen zu entwickeln. Gut geeignet ist dieses Vorgehen auch, wenn Inhalt und Ziel des Textes noch nicht klar sind.

Doch wie sind Sie selbst damit zufrieden? Gibt es Situationen, in denen Sie damit nicht gut vorankommen?

Der Drauflosschreiber stößt meist dann an Grenzen, wenn es besonders schnell gehen muss mit einem Text. Probieren Sie deshalb für das Schreiben im Job auch das planende Schreiben aus, insbesondere, wenn Sie leicht den roten Faden verlieren oder Ihre Texte zu lang werden.

Üben Sie dafür speziell mit der Trainingseinheit 7 (Zirkeltraining).

Der Planer

Wenn Sie überwiegend die Aussagen in der rechten Spalte angekreuzt haben, dann sind Sie ein Planer: Sie gehen von Ihrer vorher erstellten Gliederung aus, um dann erst den Text zu schreiben. Sie schreiben zielgerichtet und nah am roten Faden. Planer lassen Text und Gliederung im Kopf reifen, bis der richtige Moment zum Aufschreiben gekommen ist. Sie haben mit dieser Schreibstrategie unter Zeitstress im Job gute Karten.

Doch wie zufrieden sind Sie selbst mit dieser Schreibstrategie?

Der Planer stößt meist dann an Grenzen, wenn Texte nicht im Voraus fertig geplant werden können, wenn er keine guten Ideen hat oder wenn er unter Druck steht, sofort Text zu produzieren. Probieren Sie dafür das Drauflosschreiben aus: Um Gedanken weiterzuentwickeln und neue Einfälle zu erschreiben, lassen Sie den Text ruhig eine ungeplante Wendung nehmen.

Üben Sie dafür speziell mit den Trainingseinheiten 4 (Schreibsprints) und 5 (Schreibmuskelaufbau).

Mischtypen

Haben Sie ungefähr gleich viele Kreuze in beiden Spalten gemacht? Zwischen den beiden Polen Drauflosschreiber und Planer gibt es die verschiedensten Abstufungen. Und viele Menschen schreiben je nach Textsorte sehr unterschiedlich: Tagebuch, Notizen und E-Mails werden oft drauflosgeschrieben. Berichte, Werbetexte, Protokolle dagegen werden – in einer vorgegebenen Struktur – oft planend geschrieben.

Finden Sie mit der Zeit heraus, welche Strategien für Sie am besten sind, und zwar für welche Art von Text (kurz/lang, privat/beruflich, hoher/ niedriger Innovationsanspruch) und für welche Schreibsituation (unter Stress/in Ruhe, im Büro/zu Hause, zu wenig/genug Schreibzeit). Planen und Drauflosschreiben sind Teilstrategien im Schreibprozess, über den Sie in der folgenden Übung mehr erfahren.

Besser werden im Zuge des Schreibprozesses

Wie gehen Sie grundsätzlich beim Schreiben vor? Wie gliedern Sie? Wie schreiben Sie den Rohtext? Wann überarbeiten Sie? Mit der folgenden Übung finden Sie weitere Ansatzpunkte, um Ihr Schreiben zu verbessern. Aufgrund meiner Schreibcoaching-Erfahrung nehme ich an, dass mindestens die Hälfte der Schreibprobleme dadurch entsteht, dass im Schreibprozess etwas schiefläuft. Bei der anderen Hälfte bremst sich jemand mit schwierigen Gedanken und Gefühlen aus oder kämpft mit widrigen Umgebungsfaktoren. Das Schreibprozessmodell ist eines der wichtigsten Werkzeuge, um das Schreiben zu optimieren, denn oft hakt es bei jemandem an der immer gleichen Stelle. Einmal erkannt, können Sie dort gezielt etwas verändern. Da der Schreibprozess etwas sehr Individuelles ist, lässt sich nicht generell sagen, wie es am besten geht. Beim Schreibcoaching forsche ich deshalb sehr gründlich nach, wie jeder Einzelne im Schreibprozess vorgeht. Mit diesem Buch können Sie aber auch für sich allein herausfinden, wo und wie Sie Ihren Schreibprozess besser gestalten könnten.

Mit einer Übung in drei Schritten lernen Sie nun Ihren eigenen Schreibprozess kennen.

Übung
Mein Schreibprozess 15 Minuten

1. Schritt – Persönliches Vorgehen beim Schreiben bewusst machen

- Schreiben Sie auf ein Blatt Papier die Überschrift „Wie gehe ich beim Schreiben vor?".
- Listen Sie untereinander alles in Stichpunkten auf, was Ihnen spontan zu der Überschrift einfällt, ohne länger nachzudenken – mit großem Zeilenabstand, damit Sie nachträglich ergänzen können.
- Überlegen Sie beim Durchlesen: Fehlt etwas? Wenn ja, ergänzen Sie. Stimmt die Reihenfolge? Wenn nein, nummerieren Sie anders. Etwa so:

Wie gehe ich beim Schreiben vor?
Tee kochen
Schreibtisch aufräumen
Computer an
Datei öffnen Einleitungssätze schreiben
Gliederung auf Papier
+ Stichworte zu den Überschriften

2. Schritt – Eigenen Schreibprozess bewerten

- Markieren Sie jetzt mit einem Plus-Zeichen, bei welchen Punkten Sie in Bezug auf das Schreiben mit sich zufrieden sind. Mit einem Minus-Zeichen markieren Sie die Punkte, bei denen Sie Ihr Schreiben vermutlich verbessern könnten.

- Vergleichen Sie nun Ihren eigenen Schreibprozess mit dem Schreibprozessmodell, das Sie schon aus dem fünften Kapitel kennen:

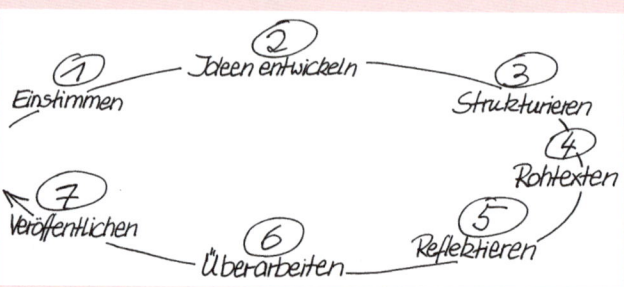

- Welche Phasen kommen auch bei Ihnen vor? Welche setzen Sie beim Schreiben nicht um? Welche kommen zusätzlich vor? Wie sieht die Reihenfolge bei Ihnen aus? Wie würden Sie Ihr persönliches Schreibprozessmodell skizzieren?

- Welche Schlüsse ziehen Sie daraus? Könnten Sie einer bestimmten Phase mehr Beachtung schenken oder etwas umstellen?

3. Schritt – Optimierungsansätze entdecken

- Betrachten Sie nun auf der nächsten Seite das erweiterte Schreibprozessmodell in der großformatigen Abbildung mit den Tipps und dazugehörigen Trainingseinheiten.

- Notieren Sie, welche ersten Ansatzpunkte für Verbesserungen Sie finden. Welche Tipps aus der Abbildung helfen Ihnen dabei weiter? Welche Trainingseinheiten sind für Sie besonders wichtig?

Suchen Sie einen passenden Schreibort und stimmen Sie sich auf einen erfolgreichen Schaffensprozess ein – für jede neue Schreibeinheit.
2. Trainingseinheit (TE): Schreibausrüstung
3. TE: Aufwärmen
6. TE: Aufschieberitis-Spezialprogramm

Schreiben Sie unzensiert alle Ideen auf, entwickeln Sie sie beim Recherchieren weiter und spüren Sie die zentralen Gedanken auf.
4. TE: Schreibsprints
5. TE: Schreibmuskelaufbau

Planen Sie eine schlüssige Gliederung durch visuelle Strukturierungstechniken.
7. TE: Zirkeltraining

Schreiben Sie Ihren Rohtext im Denk- und Schreibfluss und ohne an Details hängen zu bleiben. Vertagen Sie jegliches Überarbeiten auf später.
8. TE: Schreibausdauertraining

Lassen Sie Ihren Text ruhen und gedanklich reifen. Erbitten Sie schon jetzt ein Feedback.
9. TE: Dehnungsprogramm

Überarbeiten Sie Ihren Text nun erst in Hinblick auf überzeugende Struktur, Verständlichkeit und Gesamtwirkung. Reservieren Sie mindestens ein Drittel Ihrer Schreibzeit fürs Überarbeiten.
10. TE: Endspurt

Veröffentlichen Sie Ihren Text voller Stolz und nutzen Sie ihn für weitere Erfolge. Bereiten Sie sich darauf vor, durch erfolgreiche Texte zur öffentlichen Person zu werden und den eigenen Standpunkt offensiv zu vertreten.
10. TE: Endspurt

1 Einstimmen
2 Ideen entwickeln
3 Strukturieren
4 Rohtexten
5 Reflektieren
6 Überarbeiten
7 Veröffentlichen

Das erweiterte Schreibprozessmodell können Sie auch als farbiges Plakat mit zusätzlichen Informationen von meiner Internetseite www.ulrike-scheuermann.de herunterladen.

Schön, dass Sie bis hierher durchgehalten haben. Denn durch diese Übung können Sie nun genauer einschätzen, wo Sie sich verbessern können.

Kompakt: Wer sich selbst kennt, schreibt besser

■ Reflektieren Sie Ihr Schreibverhalten und Ihre Veränderungsmotivation, so legen Sie damit den Grundstein für Verbesserungen.

■ Finden Sie heraus, welcher Schreibtyp Sie sind: Planer überlegen sich Idee und Aufbau ihres Textes schon früh im Kopf und schreiben erst dann; Drauflosschreiber fangen früh an und entwickeln Ideen und Textaufbau beim Schreiben weiter.

■ Viele Schreibprobleme resultieren aus ungünstigen Angewohnheiten oder Vorstellungen, wie man beim Schreiben vorgehen sollte. Finden Sie deshalb heraus, was Sie im Schreibprozess hemmt und fördert und planen Sie die dazupassenden Trainingseinheiten.

2. Trainingseinheit: Schreibausrüstung

Von Aqua minerale bis Zeitstoppuhr: Was Sie für gutes Schreiben brauchen

Es gibt kein schlechtes Wetter, nur falsche Kleidung.

Sprichwort

Was tun Sie, wenn Sie beschließen, ab jetzt regelmäßig etwas für Ihre Fitness zu tun? Vermutlich gehen Sie unter anderem in ein Fachgeschäft und kaufen sich Sportkleidung, die Ihnen gut gefällt. Damit legen Sie fröhlich los. Wollen Sie sich in Zukunft aufs Schreiben freuen und sich selbst damit bereichern? Dann nehmen Sie auch das Schreiben so wichtig, dass Sie alles dafür tun, um unter den besten, angenehmsten und gesündesten Umständen zu schreiben. So wie mein Sitznachbar im Flugzeug, der sich an seiner Schreibausrüstung sichtlich freute.

Fallbeispiel

Im Flugzeug

Neben mir sitzt ein ungefähr 50-jähriger Mann, Typ Manager, der eilig in seinen Laptop tippt. Die Flugzeugmotoren brummen. Ich beobachte, wie er mit der Zeit müde wird und schließlich sein Gerät zuklappt. Nach einem kurzen Nickerchen holt er zu meinem Erstaunen ein kleines Notizbuch hervor und schraubt einen dicken silbernen Füllfederhalter auf. Er beginnt zu schreiben, zwischendurch schaut er aus dem Fenster auf die Wolken, dann schreibt er wieder ein paar Sätze. Mein Schreiberherz hüpft – noch mehr, als ich mit ihm ins Gespräch komme. Er erzählt mir von seinen Schreibgewohnheiten: „Seit einigen Jahren schreibe ich möglichst jeden Tag ein paar Gedanken zu meiner Arbeit auf, zum vergangenen Tag und für die nächste Zeit. Ich habe inzwischen schon ein ganzes Regal voller Notizbücher. Ab und zu schlage ich wahllos eins davon auf und lese ein paar Seiten. Auch wenn die Gedanken alt sind, vieles davon passt erstaunlicherweise genau zu dem, was mich im Moment beschäftigt und hilft mir sogar weiter." Er gerät regelrecht ins Schwärmen darüber, wie sehr er es genieße, ab und zu ohne Laptop zu arbeiten, einen Füller in der Hand zu haben, die blaue Tinte auf dem Papier trocknen zu sehen. „Ich denke dabei anders", erzählt er weiter. „Am Computer denke ich in Zahlen, ergebnisorientiert, strategisch, schnell. Auf Papier denke ich langsamer, freier, zielloser. Ich weiß vorher nicht, wo es hingehen wird, und genau das mag ich."

In dieser Trainingseinheit geht es um Gegenstände, Orte und weitere Hilfsmittel, die das Schreiben für Sie wertvoller machen und es fördern. Sie kommen hier ohne Übungsanleitungen aus, denn die einzige Übung besteht darin, dass Sie aufmerksam Ihre Schubladen durchforsten, durch Schreibwaren-, Computer- und Büromöbelläden streifen, interessante Schreiborte testen und sich beim Ausprobieren neuer Ausrüstungsgegenstände aufmerksam selbst beobachten. So verführen Sie sich selbst zum Schreiben und belohnen sich schon währenddessen – ein wichtiger Trick für die Selbstmotivation. Zugleich schreiben Sie denkfördernd, gesund und körperlich fit. Und das ist die Voraussetzung für langfristig gutes Schreiben. Lassen Sie sich von der folgenden Liste inspirieren: Welche Schreibausrüstung könnten Sie für bestes Schreiben benötigen?

Aqua minerale	**G**elroller	**P**apier
	Getränke	
Balancestuhl		**R**ingbuch
Bleistift	**H**andheld	
Buntstifte		**S**canner
	Inkpen	Spracherkennungs-
Computer		software
		Stehtisch
	Klapp-/Falttastatur	
Diktiergerät		
Digitaler Stift		**T**extmarker
Drehstuhl	**L**aptop	Tagslichtlampen
Drucker	Lesezeichen	
		Unterlage zum Schreiben
Ergonomische Möbel	**M**indmapping-Software	
Ergonomische Tastatur	Mousepad	**V**ierfarb-Kugelschreiber
und Maus	Musik	
Essen		**W**ecker
	Notizbuch/-heft	Wachsstifte
Fasermaler		
Fineliner	**O**bst	**Z**eitstoppuhr
Flipchartpapier	Orte für inspiriertes	Zehnfingersystem-
Füllfederhalter	Schreiben/Lesen	Trainingssoftware

Die Schreibfitnessgeräte

„Lass dir keinen Gedanken inkognito passieren und führe dein Notizheft so streng wie die Behörde das Fremdenregister", empfiehlt der Dichter Walter Benjamin Ende der 1920er-Jahre. Heute ist sein Rat so aktuell wie damals. Gedanken sind flüchtig, wir müssen sie festhalten, damit sie nicht ebenso schnell davonwehen, wie sie aufgetaucht sind. Heute können Sie auswählen: Ob Stifte, Notizbücher, Papiere, Diktiergerät oder Laptop, Klapptastatur und Handheld – setzen Sie die unterschiedlichen Schreibmedien bewusst für verschiedene Schreibziele ein. Das Schreiben im handlichen Notizbuch passt für die schnelle Ideennotiz, die Kritzelzeichnung oder den flüchtigen Gliederungsentwurf; der Computer eignet sich für die flexible Gliederung, das Ausformulieren längerer Textpassagen und für das Verschieben, Löschen und Einfügen von Text in der Überarbeitungsphase.

Schreiben mit Papier und Stift

Ein Gel- oder Tintenroller, der übers Papier gleitet; ein Füllfederhalter, der schwer in der Hand liegt; ein Druckbleistift, der akkurate Linien zeichnet; die Tintenfarbe auf dem Papier, der Schwung der Buchstabenform: Schreiben mit Papier und Stift regt die Sinne – und damit das Gehirn – ganzheitlicher an als gleichförmige Tipp-Bewegungen. Außerdem unterbrechen Sie dadurch das, was Sie ohnehin ständig tun – das Sitzen vor dem Bildschirm. Eine ungewohnte Art zu schreiben bringt fast automatisch auch neue Gedanken hervor.

Auch Papier ist viel mehr als bloßes Hilfsmittel der Dokumentation. Sie streichen darüber und spüren, wie fest, biegsam oder glatt es sich anfühlt, Sie hören sein Rascheln, Sie sehen zu, wie Buchstaben, Wörter und Sätze entstehen. Das Notizbuch spornt zum Aufschreiben an: in allen Größen, Formen, Farben, mit und ohne Stiftschlaufe und Lesezeichen, biegsam, ledergebunden oder mit festem Buchrücken, dick oder dünn, liniert, kariert oder blanko, mit perforierten Blättern zum Herausreißen, als Sonderanfertigung mit Namensprägung, in verschiedenen Papierqualitäten. Auch lose Papiere, die Sie abheften oder in Schachteln, Heftern oder Klarsichthüllen aufbewahren, können Ihre Schreibgedanken festhalten.

Eine Mischung aus handschriftlichem und digitalem Schreiben stellen die digitalen Stifte dar: Man schreibt und skizziert auf Papier, die Daten sind digital gespeichert und lassen sich für die Text- und Bildverarbeitung exportieren. Diese Technologie wird in den nächsten Jahren weiter ausreifen.

Tipp
Das richtige Notizbuch

Achten Sie darauf, dass Ihr Notizbuch weder zu kostbar noch zu wenig wertvoll für Sie ist. Manche Schreiber zögern mit dem Drauflosschreiben, wenn das Notizbuch edel und teuer, das Papier zu fein ist: Da soll der banale Gedanke hinein, der mir gerade im Supermarkt mit der Milchtüte in der Hand eingefallen ist? Wenn Sie dadurch Schreibhürden aufbauen, legen Sie sich lieber günstige Notiz- oder Schulhefte zu.

Diktieren fürs Schreiben

Diktiergeräte sind eine geniale Erfindung – auch für Schreibende. Sie ersetzen das Notizbuch, wenn Sie unterwegs sind und keine Lust oder keine Hand frei haben, um etwas aufzuschreiben. Wer kramt schon beim Joggen, Autofahren, Bügeln, Kinderwagenschieben oder Mittagessen sein Notizbuch aus der Tasche und hält inne, um drei Gedanken aufzuschreiben? Ein Diktiergerät fällt kaum auf, und Sie können Ihren natürlichen Bewegungsablauf beibehalten. Denn gute Ideen haben die Angewohnheit, gerade dann aufzutauchen, wenn man sie nicht erwartet. Sitzt man endlich am Schreibtisch, ist der Gedanke längst weg. Übrigens: Wenn Sie ein Diktiergerät oder ein Notizbuch bei sich tragen, so halten Sie damit Ihre Ideen nicht nur fest – Sie fördern sie auch: Wer Ideen erwartet, der bekommt sie.

Digitale Schreibfitness mit Laptop & Co.

Der Laptop ist eine der hilfreichsten Erfindungen, um damit Ihren Schreibort frei bestimmen zu können. Wer gerne im Baumhaus schreibt, kann es dort genauso tun wie im Café. Andererseits hat es Ihr Laptop sprichwörtlich in sich: Ihre gesamte Arbeit mit allen Dateien befindet sich auf diesem Rechner. So ist die Verlockung groß, sich durch eintreffende E-Mails, andere Projekte, Software-Tüfteleien und das Internet ablenken zu lassen. Wer zu Aufschieberitis neigt, ist da besonders gefährdet.

Tipp
Ablenkungen am Computer austricksen

Richten Sie sich für Schreibprojekte einen eigenen Benutzer ein, den Sie zum Beispiel „Autor" nennen. Sie können ihn so konfigurieren, dass Sie nur zu Ihren Schreibprojekten Zugang haben: Der Desktop ist bis auf Ihre aktuellen Schreibprojekte leer, und Sie kommen gar nicht erst in E-Mail-Versuchung oder Surflaune.

Wenn Sie Schreiben und restliche Arbeit dennoch mehr trennen wollen oder keinen schweren Laptop dabeihaben möchten, kommen als digitale Schreibgeräte zum Beispiel Klapp- bzw. Falttastaturen infrage, die sich mit einem Griff ausklappen und mit einem Handheld zusammenstecken lassen. Ein Vorteil dabei ist, dass der kleine Bildschirm das Korrigieren erschwert und so das Voranschreiben fördert.

Software fürs Schreiben

Mit Computerprogrammen können Sie Ihr Schreiben unterstützen.

Mindmapping-Software: Achten Sie bei der Auswahl darauf, dass es möglich ist, an den Ästen und Zweigen Textnotizen zu hinterlegen und dass die Software eine Brainstorming-Funktion enthält. Die gesamte Mindmap mit Textnotizen sollte sich nach Word und Powerpoint exportieren lassen. Nur so können Sie Ihre Mindmap ohne zusätzlichen Aufwand auch für die Textproduktion nutzen.

Spracherkennungssoftware: Sind Sie eher ein mündlicher Typ, der zwar seine Gedanken souverän erzählen kann, beim Aufschreiben aber plötzlich blockiert ist? Dann könnte das Diktieren mit Spracherkennungssoftware beim Rohtexten eine Alternative für Sie sein. Inzwischen erkennt die Software nach einer Trainingsphase Ihre Sprache weitgehend korrekt. Doch bedenken Sie, dass man anders spricht als schreibt: Um die anderen Schreibphasen, insbesondere um eine ausführliche schriftliche Überarbeitungsphase, kommen Sie nicht ohne Schreiben herum.

Zehnfingersystem-Trainingssoftware: Üben Sie mit einer Software das Zehnfingersystem ein, um durch wenige Trainingswochen fortan beim Tippen ein Vielfaches an Zeit zu sparen und Ihren Gedankenfluss nahezu vollständig zu dokumentieren.

Bewegungssoftware erinnert mit Anleitungen für Körper- und Entspannungsübungen daran, dass es Zeit für eine Kurzentspannung ist.

Körperlich fit bleiben

Schreiben ist harte körperliche Arbeit. Ursache unzähliger Rückenleiden, Sehnenscheidenentzündungen, Nacken- und Kopfschmerzen und geröteter Augen. Schreiben bedeutet Höchstleistung für die Haltemuskulatur. Vor allem die Muskeln des Rückens, des Nackens und der Arme, Hände und Augen, häufig auch Kiefer- und Zungenmuskulatur sind stark beansprucht. Und da sich Anspannung und Entspannung selten im gesunden Wechsel befinden, entwickeln sich leicht chronische Verspannungen. Doch da können Sie vorbauen.

Dynamisch sitzen

Probieren Sie Alternativen zur üblichen Sitzposition und zu den gewohnten Möbeln für die Bildschirmarbeit aus. Ob eher zurückgelehnt, im Stehen, kerzengerade oder leicht vorgebeugt sitzend – finden Sie heraus, welche Schreibhaltung am besten zu Ihnen passt. Aber auch die optimale Haltung ist nach einer Weile belastend für Bandscheiben und Muskulatur. Sitzen Sie deshalb immer dynamisch: Kippen Sie das Becken vor und zurück und von rechts nach links – Hauptsache, Sie bringen Bewegung ins Sitzen.

Dabei können Ihnen ergonomische und bewegliche Sitzmöbel helfen, die einen doppelten Zweck erfüllen: Sie bringen den Körper mit ständigen kleinsten Bewegungen in Schwung – und damit auch das Denken. Ein höhenverstellbarer Schreibtisch kann dabei ebenso hilfreich sein wie Drehstühle, Balancestühle und Stehhilfen.

Getränke

Wenn Sie nicht genug trinken, arbeitet Ihr Gehirn nicht mit voller Leistung. Müdigkeit, Gedächtnis- und Konzentrationsstörungen können die Folge sein. Stellen Sie für jeden Arbeitstag die Menge Getränk bereit, die Sie trinken wollen. Achten Sie darauf, dass Sie gar nicht erst Durst verspüren. Am besten trinken Sie einfach Wasser.

Essen

Gehören Sie zu denjenigen, die während des Schreibens rasch Appetit bekommen? Damit sind Sie nicht allein. Manche schreiben sich regelrecht leer bis zur Erschöpfung und können durch Essen, Trinken und vertieftes Atmen die Leere wieder füllen. Vielleicht bereiten Sie etwas für die nächste Minipause innerhalb einer Schreibeinheit vor. Achten Sie aber darauf, dass das Essen Ihr Schreibhirn kräftigt, anstatt dass Sie dadurch müde werden oder sich überessen. Vermeiden Sie schwere Speisen, Süßigkeiten und andere Nahrungsmittel mit Suchtpotenzial.

Gerüstet für Raum und Zeit

Schreiborte

Gut gewählt ist halb gewonnen: Der Schreibort ist für den Autor das, was Park oder Wald für den Läufer sind. Schreiben Sie im stürmischen Arbeitsalltag gewöhnlich am Computer? Dort, wo Sie auch alle anderen Arbeitsabläufe tätigen? Immer mehr Schreiber beginnen – auch dank Laptop und Co. – den Schreibort bewusst zu gestalten und zu wechseln.

Fallbeispiel

Miriam Lahn

Die Assistentin des Geschäftsführers schreibt auf dem Weg zur Arbeit. Zweimal täglich fährt sie eine Dreiviertelstunde mit der Berliner S-Bahn ohne umzusteigen und kann glücklicherweise die Hauptverkehrszeiten vermeiden. Die Leute gucken komisch, aber daran hat sie sich gewöhnt: Mit einem Handgriff klappt sie ihre Tastatur auseinander, mit dem nächsten steckt sie ihren Handheld auf, und schon schreibt sie dort weiter, wo sie aufgehört hatte. Die Sätze fließen frei, während sie im Büro oft grübelt. Miriam Lahn mag die S-Bahn-Stimmung, die vorbeifliegende Stadtkulisse, das Fahrgefühl mit dem dezenten Ruckeln. Sie weiß, dass sie nur 23 Stationen Zeit hat, um vier E-Mails oder ein Protokoll zu schreiben. Auch das beflügelt sie.

Miriam Lahn hat einen eher ungewöhnlichen Ort gefunden, um zeitsparend und kreativ zu schreiben. Testen auch Sie ungewöhnliche Schreiborte. Möglicherweise stellen Sie fest: Viel freier und effektiver schreiben Sie auf der Couch, im Café, im Zugabteil, im gerade leer stehenden Konferenzzimmer oder am kleinen Beistelltisch am Bürofenster. Oft inspiriert auch die Natur: Probieren Sie aus, wie es sich auf der Parkbank schreibt, an einen Baumstamm gelehnt, in einer bequemen Astgabel, am Berghang mit einem warmen Felsen im Rücken oder auf dem Liegestuhl im Apfelbaumschatten.

Warum ist der Schreibortwechsel so wichtig für gutes Schreiben? An anderen Orten nehmen Sie Dinge anders wahr, erinnern sich, denken und schreiben anders. Denn das Gehirn bindet seine Denkweise an Orte. Ortswechsel verändern das Sprachvermögen, die Perspektive, die Distanz zum Text. Ihre Gedanken wechseln mit dem Schreibort die Richtung, das Schreiben fließt freier, Ideen blitzen anders hervor. Sie können auf diese Weise sogar Schreibblockaden auflösen.

Musik

Heute weiß man: Musikmachen und -hören können das Denken und die Gedächtnisleistung deutlich verbessern. Wenn Sie beim Schreiben Ihre Lieblingsmusik hören, egal, ob Mozart oder Bruce Springsteen, so sorgen Sie für gelassene, fröhliche, ja euphorische Stimmung beim Schreiben, was wiederum die Kreativität anregt. Aber auch Wasserplätschern, Vogelstimmen oder Wellenrauschen aus dem Lautsprecher können für eine besondere und entspannte Atmosphäre sorgen.

Licht

Beleuchtung mit Tageslichtlampen entlastet die Augen. Das Tageslichtspektrum wirkt zudem aktivierend und antidepressiv – die Wirkung ist gerade in den Wintermonaten nicht zu unterschätzen, wenn Sie sich dem natürlichen Tageslicht nur wenig oder gar nicht aussetzen können.

Zeitmesser

Vergessen Sie manchmal die Zeit beim Schreiben? Tauchen Sie nach zwei Stunden auf und haben gar nicht bemerkt, dass schon viel Zeit vergangen ist? Nun gibt es zwei Möglichkeiten, was das bedeuten kann – schauen Sie sich dazu Ihre Schreibergebnisse an: Entweder Sie haben zügig vorangeschrieben und einen vollständigen Rohtext produziert, der nur noch überarbeitet werden muss. Dann sind Sie in Ihrer Schreibzeit weit gekommen. Die meisten Schreiber jedoch schreiben weniger weit, als sie sich vorgenommen haben. Ihnen fällt es schwer, nicht am einzelnen Satz kleben zu bleiben. Für diejenigen ist ein Zeitmesser sinnvoll: Stellen Sie einen Wecker, eine Eier- oder Stoppuhr auf die Zeit ein, die Sie für eine bestimmte Schreibeinheit planen. So behalten Sie die Zeit beim Schreiben im Blick und schweifen weniger ab.

Kompakt: Die Schreibausrüstung

- Mit einer Kombination aus Schreiben am Computer, Schreiben mit Stift und Schreiben mit Diktiergerät erweitern Sie Ihre Möglichkeiten.

- Probieren Sie je nach Bedarf Mindmapping-, Spracherkennungs-, Zehnfingertrainings- und Bewegungssoftware aus.

- Testen Sie ergonomische Möbel, die Sie bei der richtigen Haltung unterstützen und in Bewegung halten.
- Schreiben Sie bei guten (Tages-)Lichtverhältnissen und trinken Sie viel Wasser.
- Behalten Sie die Zeit im Blick, insbesondere, wenn Sie beim Schreiben leicht auf Abwege geraten.
- Erproben Sie neue Schreiborte – und Sie werden anders schreiben.

3. Trainingseinheit: Aufwärmen

Wie Sie Ihr Schreibhirn lockern und sich in Stimmung bringen

Verbringe jeden Tag einige Zeit mit dir selbst.

Dalai Lama

Kennen Sie das? Sie finden morgens keine passenden Socken, die Zahnpastatube ist leer und der Autoschlüssel versteckt sich. Die Pechsträhne setzt sich während des Tages fort. „Du bist wohl mit dem falschen Fuß aufgestanden", kommentiert eine Kollegin. Abends kehren Sie völlig erschöpft und frustriert heim. Wäre der Tag anders gelaufen, wenn Sie mit dem richtigen Fuß aufgestanden wären? Beim Schreiben gibt es eine Parallele zum Aufstehen mit dem richtigen Fuß, und die heißt: Aufwärmen fürs Schreiben! Die Wirkung ist verblüffend: Wer vor jeder Schreibeinheit etwas dafür tut, um mit geschmeidigem Denken und lockerer Schreibhand zu starten, erlangt damit Zugang zu allen Quellen für gute Texte: konzentriertes Denken, eine klare Struktur vor dem inneren Auge, vielfältige Assoziationen und intuitives Schreibhandeln. Er schreibt damit besser und schneller, behält den Überblick und schlägt den richtigen Ton an. Beinah wie von selbst. Warum das funktioniert? Seit der Antike weiß man, dass durch Einübung fest verwurzelte Gewohnheiten entstehen. Die aktuelle neurobiologische Forschung bestätigt, dass ein Verhalten, eine Denkweise oder ein Gefühl im Gehirn „gebahnt" wird und so den weiteren Verlauf prägt. Eine zuversichtliche Haltung und gezielte Vorstellungen können dazu beitragen, sich selbst in die gewünschte Richtung zu lenken. Und diese mentale Seite kann man beim Aufwärmen gut trainieren.

Stellen Sie sich also vor, Sie tun heute etwas für Ihre Fitness: Vielleicht eine halbe Stunde Walking im Park, im Schwimmbad erfrischende Bahnen schwimmen oder im Fitnessstudio die Muskeln stärken. Bevor Sie anfangen, suchen Sie sich ein ruhiges Plätzchen und dehnen Ihre Muskeln, bis Sie elastisch und leistungsfähig sind. Sie spüren Ihren Körper intensiver als sonst. Sie nehmen wahr, wo etwas schmerzt, wo Sie langsam beweglicher werden. Zugleich freuen Sie sich schon auf das bevorstehende Training – immerhin haben Sie sich genug motiviert, um nun hier zu stehen, bereit zum Loslegen. Sie sehen vor Ihrem geistigen Auge die Laufstrecke, riechen die frische Morgenluft.

Genauso machen Sie es in dieser ersten Phase des Schreibprozesses: Sie halten noch einmal inne und planen Ihre Schreibstrecke. Sie fokussieren sich gedanklich und intuitiv auf das Schreibprojekt und auf Ihr mögliches Publikum. Sie denken an Ihre wichtigste Kernbotschaft und an das, wofür Sie innerlich brennen – und sei es nur ein winziges Flämmchen bei dem langweiligsten Thema, über das Sie je etwas schreiben mussten. Nach etwas Übung müssen Sie sich dann nicht mehr ans Aufwärmen erinnern

– Sie tun es weitgehend automatisch. Alle Aufwärmübungen dauern höchstens ein paar Minuten. Und das ist gut so, denn sie sollen weder lästige Pflichtübung sein noch dem eigentlichen Schreiben kostbare Zeit stehlen. Übrigens: Die Techniken können Sie in ähnlicher Form auf andere Tätigkeiten übertragen, die Ihnen gut gelingen sollen.

Mit Schreibritualen Schwung holen

Mit Ihrem persönlichen Schreibritual lösen Sie sich innerlich von den bisherigen Tätigkeiten und lassen die ersten Gedanken zum Schreibprojekt aufkommen. Vielleicht stellen Sie einen Wecker und ein Getränk bereit, schließen die Tür zu Ihrem Büro und schalten das Telefon aus, legen Ihren schönen Füller und einige Seiten Papier neben Ihren Laptop und beginnen, sich aufs Schreiben zu freuen. Das prägt sich mit der Zeit ein und erleichtert das Umschalten aufs Schreiben. Der auch als Autor sehr produktive Sigmund Freud etwa schrieb stets in einem speziellen Schreibtischstuhl, eingehüllt in Zigarrenrauch und mit Blick auf eine Doppelreihe antiker Kleinplastiken an der Stirnseite seines Tisches.

Schreibrituale kann man nicht von vornherein per Entschluss festlegen. Sie entwickeln sich durch Ausprobieren und können sich je nach Situation und Anforderung ändern. Finden Sie mit der Zeit heraus, was am besten zu Ihnen passt.

Übung
Schreibrituale testen **je 2 Minuten**

- Probieren Sie für jede Schreibeinheit eine andere Schreibausrüstung aus: Schreiben Sie mit Papier und Stift, dann wieder mit dem Laptop. Testen Sie neue Lichtverhältnisse, unterschiedliche Sitzmöbel oder Musik. Schreiben Sie an verschiedenen Orten.

- Nehmen Sie die eventuellen Veränderungen durch unterschiedliche Schreibrituale wahr.

- Notieren oder merken Sie sich, welche Schreibrituale besonders nutzbringend waren und was dadurch besser gelang. Welche Schreibrituale wollen Sie etablieren?

Der Schreibstreckenplaner

Als Nächstes planen Sie Ihr Schreibprojekt mit der ungefähren Textlänge, Ihrem Schreibtempo beim Rohtexten und der Schreibzeit, die Sie voraussichtlich benötigen. So setzen Sie sich selbst Fristen und haben gegen Ende noch genug Zeit für die wichtige Überarbeitungsphase. Vor allem für komplexe Schreibprojekte ist eine Schreibstreckenplanung sinnvoll. Sie können Sie sich dafür ein Formular zum selbst Anpassen von meiner Website herunterladen.

Übung

Schreibstreckenplanung **10 Minuten**

- Die ungefähre Seiten- oder Zeichenanzahl dient als Ausgangspunkt, um Ihre Schreibstrecke zu planen.

- Schätzen Sie anschließend Ihr Schreibtempo ein: Überschlagen Sie, wie viel Rohtext Sie erfahrungsgemäß pro Stunde schreiben oder stoppen Sie die Zeit, während Sie einen Probetext schreiben. Für einen schwierigen Text mit hoher Qualität werden Sie natürlich mehr Zeit berechnen.

- Errechnen Sie die Schreibzeit für den Rohtext, indem Sie den Textumfang durch Ihr Schreibtempo teilen. Dazu ein Beispiel: Eine Autorin muss ein Angebot schreiben, das ca. sechs Seiten umfasst. Sie schätzt dafür zwei Seiten Rohtext pro Stunde, also benötigt sie voraussichtlich drei Stunden allein für den Rohtext.

- Gehen Sie nun davon aus, dass ein Rohtext ungefähr 40 Prozent der gesamten Schreibzeit in Anspruch nimmt, und berechnen Sie die Zeiten für die anderen Schreibphasen. Folgende Aufteilung hat sich bewährt:

Ideen entwickeln: ca. 15 % / Strukturieren: ca. 5 Prozent / Rohtexten: ca. 40 % Reflektieren: ca. 5 % / Überarbeiten: ca. 35 %

Falls das Veröffentlichen zusätzlichen Aufwand bedeutet, rechnen Sie den noch hinzu. Und Sie sollten sich ein paar Minuten lang auf jede Schreibeinheit einstimmen, egal, ob Sie gerade Ideen entwickeln oder rohtexten.

- Planen Sie Ihre Schreibzeiten möglichst mit festen Zeiten in Ihrem Kalender. Befestigen Sie Ihren Schreibstreckenplaner zum Beispiel an der Wand über Ihrem Schreibort. Prüfen Sie im Verlauf des Schreibprojekts, ob Sie noch gut in der Zeit liegen und falls nicht, wie Sie eventuell gegensteuern könnten.

Hier sehen Sie ein Beispiel für einen ausgefüllten Schreibstreckenplaner:

Schreibstreckenplaner
Textumfang, Schreibtempo und Schreibzeiten planen

Schreibprojekt: *Angebot Kunde Holst* | Textqualität: *↑↑* | Textumfang (Seiten, Zeichen): *6 Seiten = 2000 Zeichen/Seite*

Schreibtempo (Rohtextseiten / Stunde): *~ 2 Seiten / h* | Schreibzeit Rohtext (Textumfang : Schreibtempo): *6 Seiten / 2 Seiten/h = 3h* | Schreibzeit gesamt (Schreibzeit Rohtext + Zeitanteil für die weiteren Schreibphasen): *3h + 1 + 0,5 + 0,5 + 2,5*

Schreibphase, Prozent der Schreibzeit gesamt	Ideen entwickeln 15 %	Strukturieren 5 %	Rohtexten 40 %			Reflektieren 5 %	Überarbeiten 35 %	
Geplante Zeit	*~ 1h*	*~0,5h*	*3h*			*0,5h*	*~ 2,5 h*	*Σ 7,5h*
Schreibzeiten im Alltag einplanen	*12.5. 0,5h*	*13.5. 0,5h*	*13.5. 0,5h*	*13.5. 1h*	*14.5. 1h*	*15.5. 1h*	*17.5. 0,5h*	*19.5. 1h*

17.5. 0,5h / 19.5. 1h / 1,5 h am **Fertig am: 20.5.**

Erst die Idee, dann der Text: Schreiben mit Vision

Der Sprinter holt die entscheidende Hundertstelsekunde Vorsprung heraus, wenn er schon vorher als Erster über die Ziellinie gerannt ist; der Profi-Torwart hält sicher, wenn er das harte Leder des Balls zuvor in den Händen gefühlt hat – in der Vorstellung. Erfolg beginnt im Kopf, sagt Torwart Oliver Kahn. Wirtschaft ist zu 80 Prozent Psychologie, schreibt Fritz B. Simon, systemischer Berater und Sachbuchautor. Was Leistungssportler, Schachspieler, Topmanager, Redner und Politiker tun, können auch Schreibende nutzen: Nehmen Sie Ihre Erfolge in der Vorstellung vorweg.

Schreiben mit Vision gelingt am besten mit geschlossenen Augen in entspanntem Zustand. So schalten Sie die Außenwelt einfach aus und finden erst Zugang zu Ihren inneren Bildern. Je mehr positive Gefühle Sie dafür aufbieten können, desto wirksamer wird Ihre Vision: Gefühle wie Vorfreude, Schaffenswunsch und Schreiblust sind der beste Treibstoff, der Ihre Vision Fahrt aufnehmen lässt.

Übung
Innere Bilder 5 + 5 Minuten

- Planen Sie ungefähr fünf Minuten für das Entwickeln innerer Bilder und, wenn Sie möchten, weitere fünf Minuten für die Dokumentation.

- Prüfen Sie zuerst Ihre Stimmung: Wie geht es Ihnen im Moment? Wie fühlen Sie sich? Wie fühlt sich Ihr Körper an?

- Bringen Sie sich in eine gute Stimmung, wenn Sie es nicht schon sind: zum Beispiel durch Musikhören, Bewegen oder tiefe Atemzüge.

- Setzen oder legen Sie sich bequem hin. Spüren Sie den Bodenkontakt – mit den Füßen oder dem ganzen Körper. Schließen Sie die Augen.

- Verfolgen Sie einige Atemzüge lang, wie Ihr Atem ein- und ausströmt, ohne ihn zu beeinflussen.

- Richten Sie nun Ihre Aufmerksamkeit auf Ihr Schreiben und Ihr Schreibprojekt, das Sie angehen möchten: Gibt es dazu ein Bild, das spontan in Ihrem Kopf entsteht? Vielleicht haben Sie eine Szene vor sich, die etwas mit Ihrem Schreibthema zu tun hat? Oder Sie sehen Text vor Ihrem inneren Auge – eine Überschrift oder einzelne Wörter? Gibt es Menschen, mit denen Sie sich über Ihr Schreibthema unterhalten? Merken Sie sich diese inneren Bilder für später, ohne sie zu bewerten.

- Achten Sie weiterhin darauf, dass Ihre Gefühle und Stimmungen sich im positiven Bereich befinden und lassen Sie negative Stimmungen und ablenkende Gedanken wie Wolken vorüberziehen.

- Beeinflussen Sie nun Ihren bevorstehenden Schreibprozess ganz bewusst: Stellen Sie sich vor, Sie schreiben innerlich ruhig, effizient und mit reichem Ideenfluss. Sie schreiben das Beste für den Text aus sich heraus, Sie finden intuitiv die richtige Textlänge, den passenden Tonfall und einen schlüssigen Aufbau.

- Stellen Sie sich konkret und detailliert die letzten Handgriffe für Ihren Text vor: ausdrucken und zusammenheften oder per E-Mail versenden.

- Malen Sie sich die Auswirkungen Ihres Textes aus: Welche Erfolge haben Sie mit dem Text?

- Kehren Sie nun langsam wieder in die Realität zurück. Aktivieren Sie sich körperlich durch Dehnen und Ausschütteln der Arme und Beine.

- Wenn Sie möchten, malen oder schreiben Sie Ihre inneren Bilder auf, am besten farbig.

Nicht jedem gelingen innere Bilder auf Anhieb. Manchmal fehlt die Konzentration oder die Vorstellungskraft. Alternativ können Sie innere Sätze formulieren, die Ihr Schreiben begleiten. Zum Beispiel: „Schreiben gelingt einfach und in Ruhe", „Meine Texte entstehen leicht" oder „Ich schreibe immer erfolgreich". Die Sätze sollten keine Verneinungen oder andere Negativformulierungen enthalten, also: „Ich schreibe entspannt" statt „Ich schreibe ohne Stress".

Der Leser auf der Tischkante

Stimmen Sie sich auf Ihre Leser ein. Dadurch ersetzen Sie annähernd den realen Leserkontakt. Später beim Schreiben treffen Sie dadurch leichter den passenden Ton, wählen die richtigen Themen und einen schlüssigen Aufbau. Kurz: Sie schreiben nah am Leserinteresse.

- Denken Sie jetzt an Ihre Leser. Greifen Sie sich eine Person heraus. Wie mit einem Teleobjektiv zoomen Sie diese heran. Ein typischer Leser erscheint vor Ihrem inneren Auge: Wie sieht dieser Leser aus? Wie alt ist er? Welche Kleidung trägt er? Was für ein Menschentyp ist er? Welche berufliche Funktion bekleidet er?

- Imaginieren Sie ein kurzes Gespräch mit Ihrem Leser, der Ihren Text in der Zukunft schon gelesen hat: Was hält er von Ihrem Text? Was daran begeistert ihn? Wo hat er ausführlich gelesen, wo nur überflogen? Was fehlt ihm? Wodurch haben Sie ihn gefesselt?

- Ziehen Sie nun Schlüsse für Ihren Text, zum Beispiel so: Mein Text darf höchstens vier Seiten lang sein. Mein Leser mag einen lockeren Tonfall und direkte Ansprache. Ihn interessiert fast nur das Thema xy.

- Öffnen Sie die Augen und aktivieren Sie Ihren Körper durch Bewegung.

- Wenn Sie möchten, schreiben Sie Ihre Erkenntnisse in fünf Minuten auf und markieren das Wichtigste, um es für die spätere Arbeit an Ihrem Text aufzubewahren.

Tipp
Inspiration durch Reden

Die Einstimmung auf die eigenen Leser kann auch ganz real geschehen, indem Sie über Ihre Schreibprojekte reden. Wählen Sie dafür Ihre Gesprächspartner bewusst aus: Wer ist Ihnen wohlgesonnen, fördert und wertschätzt Sie? Wer interessiert sich für Ihre Gedanken und ist neugierig auf Ihre Texte? Wer inspiriert Sie im Gespräch, mit wem macht das Reden und Drauflosspinnen Spaß? Wer kann gut zuhören?
Gespräche über das Schreibprojekt haben mehrere Vorteile: Sie beschäftigen sich mit Ihrem Thema. Sie inspirieren damit sich und andere. Sie spüren Interesse: Vielleicht ist Ihre Kollegin neugierig, was Sie in der Analyse schreiben, weil Sie ihr gestern in der Mittagspause davon erzählt haben. Weiterer Vorteil: Sie legen sich fest und motivieren sich dadurch, denn vielleicht nennen Sie schon einen möglichen Termin für die Fortigstellung.

Kompakt: Stimmen Sie sich ein

■ Machen Sie es wie die Spitzensportler: Vor dem Schreiben hilft das Aufwärmen dabei, sich auf die bevorstehende Tätigkeit einzustimmen und dadurch mühelos effektiver zu schreiben.

■ Die wichtigsten Aufwärmschritte vor dem Schreiben sind: Schreibrituale etablieren, die Schreibstrecke planen, innere Bilder entwickeln und sich auf die Leser einstimmen.

4. Trainingseinheit: Schreibsprints

Wie Sie Ihrem Denken auf die Sprünge helfen

Ich schreibe, um herauszufinden, worüber ich nachdenke.

Edward Albee

Ich wusste bei keinem Satzanfang, wo ich landen werde. Es ist natürlich nicht für den Leser geschrieben.

Sigmund Freud

Was tun Sie bei einem Sprint – oder was haben Sie damals beim Schulsport getan? Sie lockern als Erstes Ihre Muskeln, legen unnötige Kleidung ab und ziehen Ihre Laufschuhe an. Sie knien an der Startlinie und konzentrieren sich. Die Aufregung wächst, und Sie programmieren sich auf Tempo und Höchstleistung, während Sie die Rennstrecke und das Ziel anvisieren. Dann der Startschuss. Die Stoppuhr läuft. Sie rennen fast schneller als Sie eigentlich können und geben alles bis zur Ziellinie. Sie werden langsamer, bleiben stehen, kommen wieder zu Atem, blicken erst jetzt zurück auf die Strecke, die Sie zurückgelegt haben, empfinden dabei Stolz: Das habe ich geschafft. Dann der Blick auf die Uhr: Ich war gut. Viel später erst der Blick auf die Zuschauer: Fanden die mich auch gut?

Genauso absolvieren Sie Ihre Schreibsprints: Sie schreiben so schnell wie möglich, mit der Stoppuhr in Blickweite, Sie halten niemals inne, lesen oder bewerten Ihr Schreiben nicht. Dafür haben Sie einfach keine Zeit. Sie achten immer nur auf Ihren nächsten Gedanken, der sich gerade im Kopf formt. Auf dem Papier oder Bildschirm entsteht ein Abbild Ihres Denkens. So dokumentieren Sie den Fluss Ihrer Gedanken so vollständig wie möglich, ohne ihn zu beeinflussen. Wenn Sie über die Ziellinie – das Zeitlimit – gesprintet sind, hören Sie auf zu schreiben und verschnaufen etwas. Dann erst blicken Sie zurück auf das, was Sie geschrieben haben. Sie schätzen sich selbst ein, bewerten und sichern wichtige Inhalte.

Diese schnelle, leichthändige, eben sprintende Herangehensweise ist grundlegend für das Schreibfitnessprogramm in diesem Buch. Sie kann Ihr Schreiben revolutionieren, weil sie nahezu alle gewohnten Schreibmechanismen auf den Kopf stellt. Durch das Schreiben mit der Stoppuhr beeilen Sie sich so, dass es Ihnen fast egal wird, was Sie da gerade hinkritzeln oder tippen – und genau das ist das Ziel.

Mit den Schreibsprints in dieser Trainingseinheit starten Sie also wortstark in eine kreative und spannungsreiche Schreibphase – die zweite im Schreibprozess. Sie entwickeln Ihre Ideen assoziativ und aktivieren Denkpotenziale. Sie gehen mit Ihrem Denken in die Breite. Erst in der darauf folgenden Trainingseinheit beim Schreibmuskelaufbau fokussieren Sie sich und filtern aus der Ideenfülle Ihre Kerngedanken heraus. Das Strukturieren kommt dann noch später, beim Zirkeltraining.

Warum Schreibsprints wirken – Die Hintergründe für den schnellen Schreiberfolg

Mit Schreibsprints erreichen Sie schnelle Schreiberfolge schon zu Beginn jedes Schreibprojektes. Im besten Fall begleiten sie das Projekt kontinuierlich. Wenden Sie in der Startphase die Schreibsprinttechniken konsequent an, so erreichen Sie Ihr Schreibziel voraussichtlich sehr viel leichter und schneller. Denn die Hemmschwelle für den Schreibeinstieg sinkt, die Schreibkraft wird gestärkt, und Ihre späteren Texte profitieren von Ihrem Ideenreichtum. Entscheidend bei Schreibsprints ist der Prozess, nicht das Produkt: Schreibkompetenz und freies Denken entwickeln sich weiter, ohne dass ein für die Öffentlichkeit bestimmter Text entstehen muss. Schauen wir uns hier genauer an, warum Schreibsprints das Schreiben so erfolgreich machen.

Motivationskick

Psychologisch lässt sich die motivierende Wirkung des Schreibens nach der Stoppuhr so erklären: Sie dürfen gar nicht länger als fünf Minuten, und genau das macht Lust auf mehr. Sobald kein Zwang da ist, etwas zu tun, kann sich echte Motivation entwickeln. Das Schreiben mit kleinem Zeitbudget ist auch nachhaltig wirksam: Die Lust am Schreiben wird in kleinen Portionen aufrechterhalten. Frust, Anstrengung und Festbeißen an einzelnen Gedankengängen können Sie mit den kurzen Schreibsprints umgehen. Bei längeren Schreibphasen tauchen hin und wieder schwierige Gefühle auf, aber bei dieser Trainingseinheit hören Sie auf, bevor es dazu kommt – und bewahren sich auch dadurch Ihre Lust auf mehr. Darüber hinaus ist die Schwelle, mit dem Schreiben zu starten, bei Schreibsprints niedrig: Auch einen Minisprint zur grünen Ampel legt man leichter hin als eine Stunde Waldlauf. Und Ihr Gehirn kommt zunehmend in Schwung. Das ist wiederum eine der wichtigsten Quellen für weiteres motiviertes Schreiben: Ihre Gedanken kreisen immer deutlicher um Ihr Thema – und plötzlich bekommen Sie noch mehr Lust, weiterzuschreiben.

Ideenreichtum

Mit Schreibsprints aktivieren Sie eine Fülle von Assoziationen in schriftlicher Form. Anders als die meisten Schreibenden, die ihre Ideen immer noch im Kopf sammeln, anschließend strukturieren und dann möglichst druckreif formulieren. Die Schreibforschung hat längst nachgewiesen, dass es mehr bringt, Assoziationen auch schreibend zu entdecken und Gedanken schriftlich weiterzuentwickeln – *bevor* der eigentliche Text geschrieben wird.

Zensurfreiheit

Durch Schnellschreiben lässt sich der innere Zensor besonders gut ausschalten: Der Schreibschwung lässt der eigenen Kontrollinstanz ganz einfach keine Zeit dafür, dazwischenzufunken und zum Grübeln zu verführen. Sowie Sie dagegen Ihr Schreibtempo verlangsamen, tritt der innere Kritiker auf den Plan, weil im Gehirn noch Platz für Nebengedanken ist. Ihr Gehirn denkt sehr viel schneller als Sie schreiben, und je weniger es ausgelastet ist, desto mehr neigt es zu Nebentätigkeiten: Das Denken schweift ab und streut kritische Bemerkungen ein, die das eigene Schreiben zensieren oder schlechtmachen. Außerdem schreiben Sie ja keine Texte, die nach außen gehen; nur Sie selbst lesen sie jemals wieder durch. Dadurch können Sie regelfrei schreiben, denn Sie müssen nicht auf guten Stil, Grammatik, Zeichensetzung, Satzbau und vollständige Sätze achten.

Spaß

Schreiben mit Freude macht Texte besser. Genauso wie Sie bei jeder anderen Arbeit bessere Ergebnisse produzieren, wenn Sie mit Freude bei der Sache sind. Noch Jahre später berichten mir ehemalige Teilnehmer, dass sie Schreibsprints im Berufsalltag gerne anwenden.

Tipp
Schreiben ohne Schwelle

Die Schwelle fürs Aufschreiben sollte bei Schreibsprints so niedrig wie möglich sein. Schreiben Sie deshalb mit dem Medium, das Sie besonders mögen und das schnell und ohne weitere Arbeitsschritte zur Hand ist. Für viele ist das nach wie vor Papier und Stift. Und machen Sie sich vor dem Schreibstart noch einmal bewusst: Die Schreibsprints sind nur für Ihre eigenen, nicht für fremde Blicke gedacht.

Gedankensprints

Der Gedankensprint ist mein Favorit unter den Sprintübungen. Er bildet in vollständigen Sätzen den Fluss der Gedanken ab, ohne bereits auf ein Thema zu fokussieren: Was auch immer gerade in Ihrem Kopf vorgeht – Sie schreiben es genau so auf.

Ein Vorläufer der Gedankensprints ist die „écriture automatique", das automatische Schreiben der französischen Surrealisten des 20. Jahrhunderts. Der US-amerikanische Schreibdidaktiker Peter Elbow hat diese Art des Schreibens als „Freewriting" für das wissenschaftliche Schreiben weiterentwickelt. Zusammen mit dem Ansatz „Schreibend Lernen" des deutschen Schreibdidaktikers Gerd Bräuer bildet es den Hintergrund für die Gedankensprints und die Fokussprints in der nächsten Trainingseinheit.

Gedankensprints haben einen vielfachen Nutzen: Sie machen sich Ihre eigenen Gedankengänge bewusst, entwickeln sie weiter und halten sie schriftlich fest. Sie lockern damit Ihre Schreibmuskeln, schreiben flüssig, überwiegend in vollständigen Sätzen und mit der Zeit immer schneller. Sie helfen sich ins Schreiben hinein und aus der Schreibhemmung heraus. Denn Gedankensprints gehören zu den besten Schreibstarttechniken – auch für zwischendurch, wenn es mitten im Schreibprojekt plötzlich hakt. Zudem können Sie sich damit während des Schreibens von schwierigen Gefühlen und überflüssigem Gedankenwust entlasten.

Übung
Gedankensprint **5 Minuten**

- Stellen Sie Ihre Stoppuhr auf vier Minuten.

- Schreiben Sie Ihre innere Stimme unzensiert auf – ohne sich vorher auf ein Thema festzulegen, holen Sie das ab, was gerade im Kopf ist. Schreiben Sie so schnell wie möglich und ohne innezuhalten, denn Ihr Denken ist ohnehin schneller als Sie schreiben und macht normalerweise keine Pausen. Sie hören erst auf, wenn die vier Minuten um sind.

- Lesen oder korrigieren Sie während des Gedankensprints nicht, was Sie schon geschrieben haben. Wer hält schließlich schon im Denken inne, um seine eigenen Gedanken zu überarbeiten?

- Wenn Ihnen gerade nichts einfällt, schreiben Sie auch auf, was Sie dazu denken, zum Beispiel: „Mir fällt nichts mehr ein" oder „Was könnte ich denn noch schreiben?" Oder Sie schreiben ein paar Mal das zuletzt gedachte Wort auf. Und schon kommt ein neuer Gedanke.
- Nach vier Minuten entspannen Sie sich einige Momente.
- Lesen Sie Ihren Text und markieren Sie Worte und Sätze, die Ihnen wichtig erscheinen.
- Achten Sie darauf, wie Sie nach dem Gedankensprint denken und fühlen: Was ist anders als vorher?

Heben Sie Ihren Gedankensprint auf. Vor allem die Markierungen können später wertvoll für Sie sein.

Der Verfasser des folgenden Gedankensprints nutzte die Technik häufig zu Beginn einer Coachingsitzung, um nach einem anstrengenden Arbeitstag seine Gedanken zu ordnen und an sein Befinden anzuknüpfen.

Wortsprints

Mit der zweiten Übung trainieren Sie Schnelligkeit, Beweglichkeit und Zensurfreiheit beim Denken und Schreiben. Anders als bei Gedankensprints assoziieren Sie bei Wortsprints in Stichworten und zu einem bestimmten Thema. Vielleicht kennen Sie die Kreativtechnik des Brainstormings, bei dem mündlich und in der Gruppe alle auftauchenden Assoziationen zu einer Überschrift gesammelt werden. Ein Wortsprint ist ähnlich, nur dass Sie allein schreiben.

Übung
Wortsprint **5 Minuten**

- Stellen Sie Ihre Stoppuhr wieder auf vier Minuten und nehmen Sie Ihr bevorzugtes Schnellschreibgerät zur Hand – Papier und Stift oder Ihre Tastatur.
- Notieren Sie eine Überschrift: ein Stichwort, eine Frage oder eine These.
- Listen Sie untereinander alles in Stichpunkten auf, was Ihnen spontan zu der Überschrift einfällt, ohne zu zensieren und ohne nachzudenken. Sie bewerten oder sortieren Ihre Assoziationen nicht – alles wird aufgeschrieben. Quantität geht vor Qualität. Machen Sie weiter, wenn der erste Ideensturm vorbei ist, nach dieser Flaute wartet schon eine tiefere Schicht der Assoziationen.
- Nach vier Minuten entspannen Sie sich für ein paar Momente.
- Lassen Sie nun die Wortliste als Ganzes auf sich wirken.
- Lesen Sie und markieren Sie alles, was für Sie wichtig ist. Wo Zusammenhänge bestehen, stellen Sie Verbindungslinien her, die Sie zusätzlich beschriften können.

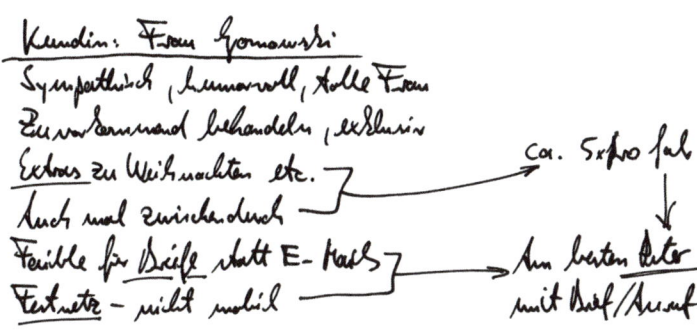

Heben Sie sich auch Ihre Wortsprints auf. Sie können sie ebenso wie die anderen Schreibdenktexte als Ideenpool nutzen oder in späteren Schreibphasen darauf zurückgreifen.

Cluster

Das Clustering ist ebenfalls eine assoziative Schreibtechnik, ähnlich den Wortsprints. Doch hier entstehen Wort*bilder*. Sie entwickeln ein Ideennetz aus Assoziationsketten, die sternförmig vom Kernwort wegführen.

Sie aktivieren beim Clustering besonders viele Gehirnbereiche gleichzeitig. Die US-amerikanische Schreibdidaktikerin Gabriele Rico hat die Technik in den frühen 1970er-Jahren entwickelt; seitdem nutzen sie immer mehr Schreibende für die Ideenentwicklung, insbesondere wenn sie gerne bildhaft schreiben.

Übung
Cluster **5 Minuten**

- Legen Sie ein Blatt Papier im Querformat vor sich hin. In die Mitte des Blattes schreiben Sie ein Kernwort, zu dem Sie schreiben möchten, und kreisen es ein.

- Von diesem Kernwort ausgehend, notieren Sie Ihre erste Assoziation. Sie kreisen auch diese ein und verbinden Kernwort und Assoziation mit einer Linie, daran schließt sich die nächste Assoziation an und so weiter. Sie führen die Assoziationskette so lange fort, bis Sie das Gefühl haben, es reicht.

- Dann kehren Sie zum Kernwort zurück und starten eine neue Assoziationskette. Sie assoziieren so lange, wie Einfälle da sind.

- Haben Sie zu einem Wort in der Assoziationskette gleich mehrere Einfälle, schreiben Sie erst eine Kette zu Ende und wechseln anschließend zu dem weiteren Einfall, sodass ein Nebenzweig entsteht.

- Haben Sie das Gefühl, genug assoziiert zu haben, so hören Sie auf.

- Lassen Sie den Cluster als Ganzes auf sich wirken und markieren Sie: Welche Worte oder Assoziationsstränge sind besonders wichtig? Wo entdecken Sie eine Häufung interessanter Worte? Wo sehen Sie Zusammenhänge?

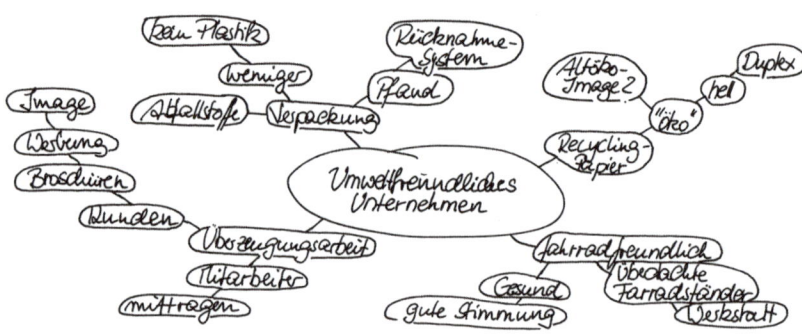

Hinter der Ziellinie: So werten Sie Ihre Schreibsprints aus

Nach jedem Schreibsprint folgt ein wichtiger Schritt, den auch jeder Profisprinter geht: Nachdem Sie sich kurz entspannt haben, verankern Sie Ihre Ergebnisse. Lesen Sie sich das gerade Geschriebene durch und markieren Sie wichtige Aussagen, Überraschendes, Fragliches und Zusammenhänge. Mit Textmarker, Unterstreichungen, Ausrufe- und Fragezeichen und Verbindungslinien. Ohne diese Auswertung hinter der Ziellinie ist jeder Schreibsprint nur halb so viel wert, denn viele wichtige Gedankengänge fallen erst beim Lesen auf oder werden dabei bewusst. Durch die optische Markierung erreichen Sie zweierlei: Zum einen trennen Sie die Spreu vom Weizen. Zum anderen können Sie die Weizenkörner als Kraftnahrung aufheben und in die folgenden Phasen Ihres Schreibprojektes mitnehmen.

Zur Auswertung eines Schreibsprints gehört auch die emotionale Seite: Schreibsprints sind manchmal anstrengend und erschöpfend, mitunter aufwühlend, aber auch inspirierend oder entlastend. Achten Sie auf Ihre Gefühle und fragen Sie sich eventuell, was die Hintergründe sein könnten.

Kompakt: Leichthändig und assoziativ schreiben

- Mit Schreibsprints starten Sie niedrigschwellig in Ihre Schreibprojekte – ohne viel Zeitaufwand, Mühe und Grübelei. Sie schreiben fünf Minuten lang so unzensiert und schnell wie möglich.
- Schreibsprints sind assoziative Schreibtechniken: Gedankensprints, bei denen Sie Ihr Denken schriftlich abbilden; Wortsprints, bei denen Sie zu einem Thema Stichworte assoziieren; Cluster, bei denen Sie von einem Kernwort ausgehend Assoziationsketten bilden.
- Sie erleichtern sich mit Schreibsprints das Schreiben in der Startphase eines Schreibprojektes, aber auch zwischendurch, wenn es beim Schreiben hakt. Sie lernen, flüssiger zu schreiben.
- Am besten schreibsprinten Sie regelmäßig.

5. Trainingseinheit: Schreibmuskelaufbau

Wie Sie für fundierte Texte trainieren

Der Satz wird „tiefer", als er es beim Sprechen wäre.

Stefan Wachtel, Sprechwissenschaftler und Sprechtrainer

Ab und zu einen Schreibsprint hinzulegen ist ja schön und gut. Aber wie wird daraus eine fundierte Basis, auf der Sie Ihre beruflichen Texte aufbauen? Schauen Sie sich die Weltklassesprinter an – auch deren Muskelpakete haben sich nicht allein beim Sprinten, sondern beim Muskelaufbautraining gebildet. Erst wenn Sie Schnelligkeit mit Muskelkraft kombinieren, erlangen Sie die volle Schreibleistung. Sie trainieren klares, fundiertes und tiefgründiges Schreibdenken und bringen die Sache auf den Punkt.

Aber was ist eigentlich der Trick beim Muskelaufbau? Muskeln werden durch Wiederholung der immer gleichen Bewegung gekräftigt – bis zur Ermüdung. Auch beim Schreibmuskelaufbau setzen Sie deshalb an einem Gedanken immer wieder neu an und gelangen mit jeder Wiederholung weiter in die Tiefe. Hin zum Kern dessen, was Sie sagen wollen. Zum Abschluss komprimieren Sie Ihre Schreibmuskelmasse noch auf das Wesentliche – viel Kraft auf wenig Raum.

Fokussprints

Fokussprints gehören zu den besten Methoden, um ein Thema schreibend zu entdecken – schnell und konzentriert. Sie ähneln den Gedankensprints aus dem vorherigen Kapitel: Auch hier wird das Denken möglichst eins zu eins schriftlich abgebildet, auch hier schreiben Sie zeitbegrenzt und so schnell wie möglich und nutzen die Chancen des Assoziierens. Doch es gibt einen entscheidenden Unterschied: Anders als bei den Gedankensprints assoziieren Sie nicht frei drauflos, sondern zu einem von Ihnen festgelegten Thema. Der Kern Ihres Themas und neue Ideen dazu rücken in den Fokus.

Übung
Fokussprint **5 Minuten**

- Begeben Sie sich in Startposition mit Ihrem bevorzugten Schreibritual und stellen Sie Ihre Stoppuhr auf vier Minuten.

- Schreiben Sie eine Überschrift zu dem Thema, zu dem Sie Ideen sammeln möchten. Diese Überschrift kann auch eine Frage sein, auf die Sie Antworten suchen oder ein Satzanfang, den Sie weiterschreiben wollen.

- Schreiben Sie zu dieser Überschrift alles auf, was Ihnen einfällt. Von den Gedankensprints kennen Sie das schon: Zensieren Sie Ihre innere Stimme nicht und schreiben Sie so schnell wie möglich, ohne innezuhalten, ohne etwas noch einmal zu lesen oder zu korrigieren. Auch für den Fokussprint gilt: Niemand außer Ihnen selbst wird ihn jemals lesen.

- Während des Schreibens registrieren Sie, ob Sie vom Thema Ihrer Überschrift abschweifen. Das fällt beim Schreiben sofort auf, und Sie können es dadurch gut kontrollieren. Kehren Sie umgehend wieder zu Ihrem Fokus zurück, indem Sie zum Beispiel die Überschrift neu aufschreiben. Leere im Kopf füllen Sie wie bei den Gedankensprints, indem Sie das zuletzt gedachte Wort oder auch „Was noch?" aufschreiben.

- Wenn Sie fertig sind, pausieren Sie kurz.

- Lesen Sie Ihren Fokussprint durch und markieren Sie Wichtiges.

- Formulieren Sie einen Kernsatz – einen kurzen Satz, der die Essenz Ihres Fokussprints enthält.

Expansion – Wie gehen wir vor?

Dass es mal so weit kommen würde, dass wir Läden in anderen Städten eröffnen – phänomenal, das muss ich mir mal aufschreiben, bin stolz, läuft alles super. Aber das heißt auch genau die überlegen, nicht aus Euphorie einfach die nächsten Städte und Läden aussuchen, wo grade zufällig jemand jemanden kennt und die Einkaufspassage so nett ist usw. Nein, das müssen wir anders gut planen – aber wie? genau das ist ja die Frage, die Frage Expansion: Wie gehen wir vor? Wie würde ich es machen, wenn ich nicht darüber wüsste? Ich würde die Leute auf der Straße ansprechen, die so aussehen als ob sie grade ein paar Minuten Zeit haben.

→ Vorher mit den Leuten ins Gespräch kommen!

Schreibstaffel

Am besten schließen Sie die folgende Übung gleich an den Fokussprint an. Mit der Schreibstaffel trainieren Sie mit Höchstleistung zu einem Thema. Sie kombinieren mehrere Fokussprints und vertiefen dadurch Ihre Gedanken zu einem Thema noch weiter. Wie beim Muskeltraining im Fitnessstudio nutzen Sie hier die gedankenkräftigende Wirkung der Wiederholung: Oberflächliche, naheliegende Gedanken haben Sie schnell hinter sich gelassen. Immer wieder setzen Sie erneut an Ihren bisher entwickelten Gedanken an und dringen Schritt für Schritt in unbekannte Tiefen Ihres Denkens vor. Das Vorgehen bei Fokussprint und Schreibstaffel wird seit Jahrzehnten ähnlich von Peter Elbow und vielen anderen Schreibdidaktikern eingesetzt, um Wissenschaftler bei ihren Themen voranzubringen.

Sie benötigen etwa 15 Minuten Zeit – Tempo *und* Tiefe lautet inzwischen die Devise. Sie sprinten in drei Staffelabschnitten: Von einem Fokussprint übergeben Sie den Staffelstab mit einem Kernsatz zum jeweils nächsten Fokussprint. Zu der Übung sehen Sie auf der nächsten Seite eine Abbildung.

Übung
Schreibstaffel **15 Minuten**

- Planen Sie für jeden der drei Staffelabschnitte fünf Minuten ein.
- Beginnen Sie mit einem Fokussprint: Sprinten Sie vier Minuten zu einer Überschrift. Lesen Sie und markieren Sie danach Wichtiges.
- Notieren Sie dazu einen Kernsatz, mit dem Sie intuitionsgeleitet das Wichtigste aus Ihrem Sprint festhalten. Damit haben Sie den ersten Staffelabschnitt hinter sich und können den Staffelstab übergeben:
- Schreiben Sie den Kernsatz als Überschrift für den zweiten Staffelabschnitt auf. Zu der neuen Überschrift folgt ein weiterer Fokussprint. Lesen, markieren und schreiben Sie wieder einen Kernsatz dazu.
- Diesen nutzen Sie wiederum als neue Überschrift, es folgt ein dritter Fokussprint mit Kernsatz. Damit ist Ihre Schreibstaffel im Ziel.
- Zum Abschluss entspannen Sie sich einige Momente und lassen dabei das gesamte Staffelschreiben in Ihrer Vorstellung – oder indem Sie die Kernsätze noch einmal lesen – Revue passieren.
- Notieren Sie einen vierten und letzten Kernsatz, der die gesamte Schreibstaffel zusammenfasst.

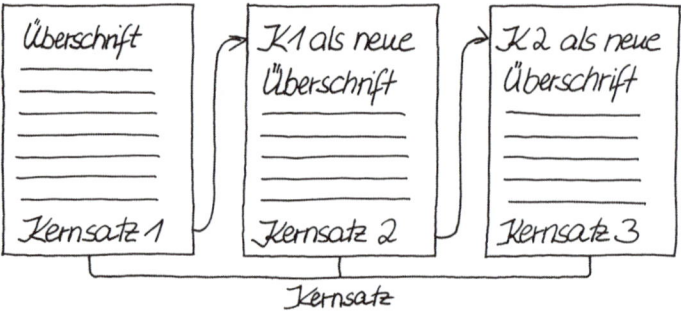

Damit sind Sie bei einem Kerngedanken angekommen. Vielleicht nutzen Sie ihn als zentrale Aussage, als These oder als Überschrift. Er kann Sie beim Schreiben leiten, indem er Sie auf Kurs hält. Und ganz nebenbei finden Sie in dieser Schreibstaffel wahrscheinlich jede Menge guter Formulierungen.

Denkskizzen

Haben Sie sich selbst oder andere schon dabei beobachtet, wie Sie beim Telefonieren gedankenverloren vor sich hinkritzeln, simple Formen aufs Papier bringen und Wörter dazuschreiben? Nutzen Sie diese Impulse systematisch für den Schreibmuskelaufbau. Sie können Ihre Denkleistung um ein Vielfaches steigern, denn Sie aktivieren die komplette Gehirnleistung – und nicht nur den Teil des Gehirns, der mit Sprache denkt. Ihr Denken wird dadurch facettenreicher mit neuen gedanklichen Zugängen zu einem Thema. Mit schnellen Strichzeichnungen oder mit Verbindungslinien zwischen Wörtern und Sätzen entdecken Sie neue Aspekte Ihres Themas, klären Ihr eigenes Denken und veranschaulichen sich das, was Sie später in Ihrem Text schreibend darstellen.

Viele große Wissenschaftler haben das Denken in Bildern genutzt, um sich Klarheit zu verschaffen. Albert Einstein ersann zum Beispiel zeit seines Lebens kuriose Bildgedanken, mit denen er schon früh ungelösten Fragen auf die Spur kam, bevor er sie genau formulieren konnte: „Wie wäre es, wenn man auf einem Lichtstrahl ritte? Wenn man ihn auf seiner Reise verfolgte, würde seine Geschwindigkeit dann abnehmen? Wenn man schnell genug liefe, würde er sich dann überhaupt nicht mehr bewegen?"

Oder Charles Darwin: „I think", schrieb er 1837 in sein Notizbuch – und begann ein unscheinbares Diagramm von verzweigten Linien zu zeichnen. Als Leitmotiv seiner gesamten späteren Evolutionstheorie wurde die Denkskizze schließlich berühmt.[*]

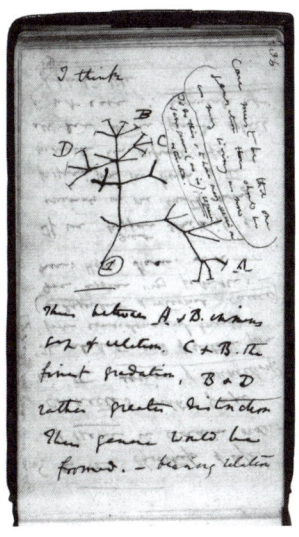

---

[*] Charles Darwin (1837): „Tree of Life", Zeichnung in: ‚Notebook B', S. 36, DAR121. Abdruck mit freundlicher Erlaubnis des Syndikats der Cambridge University Library.

Eine Denkskizze kann das Schreiben begleiten und über Durststrecken hinweghelfen. Bilder lassen sich leicht abrufen und erklären dem rein sprachlichen Denken, wie es mit dem Schreiben weitergehen kann.

Doch auch ausschließlich mit Sprache können Sie auf unkonventionelle Weise Inhalte verdeutlichen und klären.

Verdichtungen

Verdichtungen komprimieren Ihre Gedanken und bringen Sie durch strenge Vorgaben dazu, nach ungewöhnlichen Ausdrucksmöglichkeiten zu fahnden. Es entstehen gedichtartige kurze Texte. Auch Verdichtungen gehen mit etwas Übung schnell. Dadurch können Sie sie auch bei stockendem Schreibfluss unaufwendig einsetzen.

Übung
Verdichtung **3 Minuten**

- Schauen Sie die bisherigen Übungen für den Schreibmuskelaufbau nochmals an, um sich Ihr Thema zu vergegenwärtigen.

- Schreiben Sie nun eine Verdichtung nach einem der folgenden Schemata:

  1. Zeile: 1 Wort   1. Zeile: 1 Wort
  2. Zeile: 2 Wörter   2. Zeile: 2 Wörter
  3. Zeile: 3 Wörter   3. Zeile: 3 Wörter
  4. Zeile: 4 Wörter   4. Zeile: 4 Wörter
  5. Zeile: 1 Wort   5. Zeile: 3 Wörter
       6. Zeile: 2 Wörter
       7. Zeile: 1 Wort

- Setzen Sie einen griffigen Kernsatz unter die Verdichtung.

> Expansion
> neue Läden
> woher Ort kennenlernen
> Jenk beim Einkaufen ansprechen
> Doppelmenton.
> Expansion nur _mit_ den Menschen vor Ort.

Wenn Sie schon Übung mit dieser komprimierten Textform haben, können Sie sie durch eigene Vorgaben ersetzen. Schreiben Sie zum Beispiel Verdichtungen mit einer anderen Zeilenzahl, mehr Wörtern oder mit Silben- statt mit Wortzählung. Eine bekannte Silbengedichtform, Haiku genannt, geht so: erste Zeile fünf Silben, zweite Zeile sieben Silben, dritte Zeile fünf Silben.

Kompakt: So schreiben Sie fundiert

- Mit dem Schreibmuskelaufbau reichern Sie Ihre schnellen Schreib-sprints aus der vorherigen Trainingseinheit mit weiterführenden Ideen an. Zugleich kommen Sie auf den Punkt.
- Mit Fokussprints schreiben Sie fokussiert zu einem Thema.
- Mit Schreibstaffeln dringen Sie Schritt für Schritt zum Kern Ihrer Gedanken vor. Diesen Kern nutzen Sie in Ihrem Schreibprojekt später für zentrale Aussagen, Überschriften, als roten Faden oder als Formulierungssteinbruch.
- Denkskizzen helfen dabei, innere Bilder zu einem Thema hervorzu-locken und in das Schreiben zu integrieren. Dadurch regen sie das Gehirn zu einem ganzheitlichen – und damit weitaus effektiveren – Denken an.
- Verdichtungen führen durch strenge Vorgaben zu neuen Denkwegen und reduzieren die Denkfülle auf das Wesentliche.

6. Trainingseinheit: Aufschieberitis-Spezialprogramm

Wie aus Schreibfrust Schreiblust wird

Der Appetit kommt beim Essen.

Sprichwort

Ob der römische Dichter Horaz vor zweitausend Jahren wohl mit Aufschieberitis zu kämpfen hatte? Vielleicht wollte er auch nur seine Leser ermutigen, als er schrieb: „Wer begonnen hat, der hat schon halb vollendet." Das Thema scheint ihm jedenfalls vertraut gewesen zu sein. Drei Erkenntnisse lassen sich aus dem Zitat ableiten. Erstens: Wer es bis zum Punkt des Schreibbeginns geschafft hat, der hat schon viel Vorarbeit geleistet. Zweitens: Der Schreibbeginn ist ein besonders kritischer Moment. Und drittens: Wer einmal angefangen hat zu schreiben, der hat den Stein ins Rollen gebracht und wird vorankommen – er braucht nur den anfänglichen Schwung zu nutzen.

Schauen wir uns den kritischen Punkt des Schreibbeginns näher an. Einfach wäre hier der Rat, so früh wie möglich mit dem Schreiben zu beginnen. Doch das wissen Sie selbst. Ich schlage Ihnen deswegen eine alternative Herangehensweise vor: Zerlegen Sie das Schreiben in kleinste Schreibeinheiten, die man nicht mehr als Arbeit bezeichnen kann. Mini-Schreibeinheiten funktionieren aus drei Gründen besonders gut. Erstens machen sie Spaß, weil Sie den mühsamen Teil des Schreibens gar nicht erreichen. Zweitens sammeln Sie peu à peu genug Schreibstoff, um bei der jeweils nächsten Einheit daran anzuknüpfen. Drittens bemerken Sie irgendwann, dass Sie bereits eine Menge Vorarbeit geleistet haben – das beflügelt. So haben Sie mit Mini-Schreibeinheiten statt einer beschwerlichen Bergbesteigung nur leichte Sprünge vor sich.

Mit den Übungen in dieser Trainingseinheit können Sie ausprobieren, wie Sie Ihre Schreibaufgaben nicht erst zum Berg, ja, nicht einmal zum Hügel anwachsen lassen, sondern in der Ebene bleiben: Sie schreiben ein paar Minuten lang mit leichter Hand und sind im nächsten Moment auch schon beim Etappenziel. So entwickeln Sie Schreibroutine und kommen in eine Aufwärtsspirale. Und da beginnt die Schreiblust. Darüber hinaus lernen Sie, über eigene Gefühle schreibend zu reflektieren. Das können Sie für alle Themen, Probleme und Krisen Ihres Alltags nutzen, nicht nur für Schreibprobleme.

Schreibflow – Schreiben wie von selbst

Kennen Sie das? Sie schreiben mit roten Wangen, die Sätze drängen sich im Kopf, stehen Schlange, um aufgeschrieben zu werden, und Sie merken nicht, was um Sie herum passiert. Sie haben die Zeit vergessen. Das sind Sternstunden des Schreibens.

Der Psychologe Mihaly Csikszentmihalyi hat in den 1970er-Jahren erforscht, wie Menschen ihr Tätigsein erleben: Er beobachtete Menschen beim Arbeiten, Musizieren, Bergsteigen, Schreiben oder bei der Hausarbeit und bemerkte, dass bestimmte Personen dabei besonders zufrieden wirkten. Sie waren in ihre Tätigkeit versunken wie Kinder beim selbstvergessenen Spiel. Sie erzählten, dass sie sich bei ihrer Tätigkeit glücklich fühlten – konzentriert, eins mit sich und der Welt, oft sogar euphorisch. Das Zeitgefühl war verändert oder ausgeschaltet. Nach und nach fand Csikszentmihalyi die Voraussetzungen für diesen hochgestimmten Zustand und nannte ihn Flow – im Fluss sein, eins mit sich und seinem Tun sein.

Diesen Flow, den idealen Arbeitszustand, können Sie auch beim Schreiben erreichen. Drei Faktoren bringen Sie in einen Schreibflow:

1. Das Schreiben fordert heraus

Sie sind durch das Schreiben herausgefordert. Sie haben ein Ziel, steigern Ihre Fähigkeiten und merken dies auch, geben sich also selbst eine Rückmeldung. Diese Voraussetzungen sind für die meisten beim Schreiben erfüllt, denn selten ist Schreiben eine eintönige Routinearbeit.

2. Schreiben gelingt stressfrei

Sie sind der Schreibaufgabe gewachsen: Sie haben das Gefühl, dass das Schreiben in Ihrer Hand liegt, dass Sie es gut und rechtzeitig schaffen. Sie freuen sich an Ihrer Tätigkeit und finden im Schreiben selbst eine Befriedigung. An dieser zweiten Voraussetzung scheitern viele Schreiber und gelangen deshalb nicht in einen Schreibflow.

3. Volle Konzentration

Sie sind beim Schreiben so konzentriert, dass Ihre gesamte Aufmerksamkeit darin gebunden ist. Sie arbeiten mit einem veränderten Zeitgefühl und ohne Sorgen. Störungen, Zweifel und Zeitüberlegungen erreichen Sie gar nicht.

In der folgenden Abbildung sehen Sie, wie Flow entstehen kann, wenn Anforderungen und Fähigkeiten im Gleichgewicht sind.

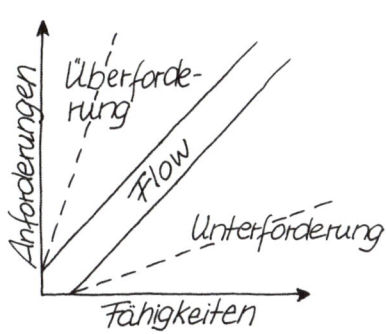

Wer diesen Schreibflow erlebt und kultiviert, kann damit seine Schreib-Aufschieberitis aushebeln. Vielleicht bekommt Schreiben damit sogar den Stellenwert von Vergnügen.

Übung
Flow erkennen **3 Tage à 5 Minuten**

- Achten Sie in den nächsten Tagen darauf, ob es Tätigkeiten gibt, bei denen Sie ein Flowgefühl empfinden. Zum Beispiel beim Kochen, Handwerken, Spielen mit Kindern, Autofahren – oder eben beim Schreiben.

- Beantworten Sie anschließend die folgenden Fragen: Bei welchen Tätigkeiten empfinden Sie Flow? Oder: Bei welchen Tätigkeiten könnten Sie sich vorstellen, in einen Flow zu gelangen?

- Schreiben Sie detailliert auf, wie Sie Ihren Flow empfinden: Wie fühlen Sie sich? Was genießen Sie daran? Was ist das Besondere?

- Warum entsteht gerade bei diesen Tätigkeiten Flow bzw. könnte Flow entstehen?

- Wie lange befinden Sie sich im Flow und was reißt Sie (möglicherweise) aus dem Flowzustand wieder heraus?
- Was könnten Sie tun, um (leichter) in einen Schreibflow zu kommen? (Zum Beispiel: gute Bedingungen für konzentriertes Arbeiten schaffen, sich für das Schreibthema interessieren.)
- Was sollten Sie besser vermeiden? (Zum Beispiel: Zeitdruck, Müdigkeit.)

Mit den folgenden Übungen können Sie den Schreibflow weiter kultivieren und diesen Zustand mit der Zeit immer öfter erreichen.

Bei Zeile 5 werd ich langsam wach – So entwickeln Sie Ihren Schreibreflex

Eine junge Frau sitzt in Sportkleidung auf der Bettkante und bindet sich die Laufschuhe zu. Dazu der Text: „Bei Kilometer 5 werd ich langsam wach." Eine Sportartikelwerbung aus dem Jahr 2007. Bild und Text treffen das Lebensgefühl von Läufern: Laufen gehört zum täglichen Leben, es gibt kein Infragestellen und damit auch keine Motivationsprobleme mehr. Einen Laufreflex zu entwickeln ist keine komplizierte Sache, die Regel lautet schlicht: Laufen Sie täglich. Möglichst immer zur gleichen Zeit, mindestens eine halbe Stunde. Der Reflex lässt sich bei anderen Ausdauersportarten ebenso entwickeln: Schwimmen, Gehen, Radfahren, Rudern.

Was das mit Schreiben zu tun hat? Es gibt auch einen Schreibreflex. Der ist sogar weniger zeitaufwendig: Sie schreiben fünf Minuten täglich, möglichst immer zur gleichen Zeit. Sie denken nicht mehr darüber nach, ob Sie heute schreiben wollen oder nicht, sondern Sie machen es einfach. Sie trainieren in diesen fünf Minuten mit Schreibsprints oder Schreibmuskelaufbau-Übungen aus den beiden letzten Trainingseinheiten. Diese Übungen gehen leicht, entbehren jedes Perfektionsanspruchs, knüpfen an die eigene Gedankenwelt an und sind unterhaltsam. Die Freude, die Sie in diesen fünf Minuten beim Schreiben erleben, verankert sich mit der Zeit im Körper. Bald schon speichert Ihr Gehirn diesen Modus, und das Umschalten von anderen Tätigkeiten aufs Schreiben gelingt immer leichter. So haben Sie eine neue Art des Denkens, Erlebens und Wahrnehmens integriert, die Ihnen zu einer stabilen Schreibkondition verhilft.

Ob bei Ihnen der frühe Morgen ebenso geeignet ist wie bei der Frau auf dem Werbeplakat, hängt von Ihren Lebensgewohnheiten ab – und davon, ob Sie Frühaufsteher oder Spätschläfer sind. Welchen Rhythmus Sie bevorzugen, wissen Sie selbst am besten. Für viele eignet sich der frühe Morgen gut fürs Schreiben, weil sich dort ein Schreibreflex leicht integrieren lässt – wie das morgendliche Zähneputzen. Noch unbelastet von den Anforderungen des Tages ist Ihr Kopf frei fürs Schreiben. Für andere ist gerade der späte Abend für einen Schreibreflex besser geeignet. Sie schreiben mit dem guten Gefühl, den Tag bewältigt zu haben, nun zur Ruhe zu kommen und besinnen sich mithilfe des Schreibens auf sich selbst.

Übung
Schreibreflex – meine beste Schreibzeit
täglich 5 Minuten

- Kaufen Sie sich ein Notizbuch und schreiben Sie auf die erste Seite: „Täglich fünf Minuten schreiben." Das nehmen Sie sich vor.

- Suchen Sie sich für jeden Tag eine Schreibübung nach dem Lustprinzip aus: Welche Übungen haben Ihnen bisher am meisten Spaß gemacht? Worauf haben Sie heute Lust?

- Experimentieren Sie mit verschiedenen Schreibzeiten für den Schreibreflex. Gehen Sie auch dabei nach dem Lustprinzip vor. Morgens früh, zum Beginn Ihrer Arbeit, in der Mittagspause, im Auto nach dem Einparken, zum Ausspannen oder vor dem Schlafengehen.

- In welche Leistungskurve passt sich Ihr Schreiben am besten ein? Sind Sie eher der Morgentyp, der um sechs Uhr früh hellwach ist, oder ein Abendtyp, der um 22 Uhr noch einmal so richtig in Schwung kommt?

- Testen Sie verschiedene Varianten und werten Sie immer sofort aus: Hat es Spaß gemacht, ist diese Zeit realistisch, können Sie sie regelmäßig einhalten, was könnten Sie dabei optimieren?

- Nun kommt die Feineinstellung: Schreiben Sie zum Beispiel gerne morgens, so finden Sie heraus, wann und wie genau: Noch vor dem Aufstehen oder lieber mit dem ersten Kaffee am Frühstückstisch? Stellen Sie dafür den Wecker lieber fünf Minuten früher, um nicht in Eile zu geraten? Gefällt Ihnen dabei Musik?

Die Hintergründe für Aufschieberitis verstehen

Gefühle und Stimmungen sind die entscheidenden Motoren vieler unserer Handlungen. Mitunter überkommen sie uns und wir wissen nicht, warum. Sie provozieren auch irrationales Verhalten und beeinflussen unsere Gedanken und unsere Motivation. Viele Menschen in unserer Gesellschaft befinden sich in negativen Stimmungen – gestresst von Druck und Angst, getrieben von Neid und Konkurrenz, gequält von Minderwertigkeitsgefühlen, die sich oft genug hinter Arroganz, Härte und Größenfantasien verstecken. Eben das ist ein weiteres Merkmal von Gefühlen: Mitunter verbirgt sich hinter dem einen noch ein anderes Gefühl oder es spielen mehrere Gefühle nebeneinander eine Rolle. Oder es lässt sich gar kein klares Gefühl identifizieren – stattdessen ist da Leere oder diffuses Unwohlsein.

Wenn Sie Ihre Gefühle klären, können Sie das Schreiben lustvoller und effektiver gestalten. Wenn Sie zum Beispiel herausfinden, dass Sie beim Schreiben Angst vor der Reaktion der Leser haben, dann wird die Angst dadurch greifbarer – und in der Regel kleiner. Wenn Sie sich ständig mit Ihren Kollegen vergleichen und dabei scheinbar schlecht abschneiden, könnte das eine Ursache für Ihre überkritische Einstellung sich selbst und anderen gegenüber sein. Gelingt es Ihnen mit der Zeit, diese Kollegen mehr als Lernvorbilder denn als Konkurrenten zu sehen, so können Sie auch ein freundlicheres Bild Ihrer eigenen Unvollkommenheiten entwickeln. Mehr zu den Hintergründen von Aufschieberitis finden Sie im ersten Teil des Buches im zweiten Kapitel.

Übung
Gefühle verstehen **15 Minuten**

- Legen Sie zwei Blatt Papier und Stifte bereit und planen Sie vorerst fünf Minuten ein.

- Schreiben Sie einen Fokussprint zu der Frage: „Welche Gefühle begleiten mein Schreiben?"

- Lesen Sie Ihren Text und entscheiden Sie dann: Was ist das bestimmende Gefühl, die vorherrschende Stimmung bei mir, die mich beim Schreiben beeinträchtigt? Markieren Sie das und schreiben Sie es unter den Fokussprint.

- Fertigen Sie nun in weiteren fünf Minuten einen Cluster zu diesem vorherrschenden Gefühl an (Cluster haben Sie in der vierten Trainingseinheit kennengelernt): Schreiben Sie das Gefühl als Kernwort in die Mitte eines Blattes Papier im Querformat. Bilden Sie ausgehend vom Kernwort Assoziationsketten zu diesem Gefühl.

- Werten Sie den Cluster anschließend aus: Welche Aspekte Ihres Gefühls erkennen Sie in den Assoziationen? Wie hängen die einzelnen Aspekte des Gefühls miteinander zusammen? Erkennen Sie Hintergründe für das zentrale Gefühl? Ist durch den Cluster vielleicht ein anderes Gefühl oder ein anderer Aspekt wichtiger geworden?

- Vielleicht spüren Sie auch schon erste Lösungsansätze auf, um schwierige Gefühle zu verändern: Schreiben Sie dazu spontan Stichworte, Sätze oder einen weiteren Fokussprint.

Mit dem folgenden Ausschnitt aus einem Fokussprint begann einer meiner Kunden zu reflektieren, warum er sich oft systematisch ablenkt anstatt produktiv zu schreiben und welche Funktion dies haben könnte.

Diese Übung ist eine Reflexionsübung auf der Metaebene: Hier gilt es weniger, mit dem Schreib*thema* weiterzukommen, sondern *über* Ihr Schreiben zu reflektieren. Sie können sich damit Ihrer Gefühle bewusster werden, Ursachen herausfinden und erste Veränderungsideen entwickeln – auch bei anderen Themen. Sie distanzieren sich von unharmonischen Gefühlen und entscheiden und handeln anschließend freier. Wenn Sie diesen Ansatz konsequent verfolgen – das heißt häufiger schreibend Ihre Gefühle reflektieren –, so gewinnen Sie damit eine effektive Möglichkeit, sich selbst zu verstehen und zu verändern.

Kompakt: Kurz und oft schreiben

- Beginnen Sie bei einem Schreibprojekt so früh wie möglich mit kleinsten Schreibeinheiten. Dabei kommen Sie in eine Aufwärtsspirale und bringen Ihr Denken schnell in Schwung.

- Schaffen Sie günstige Voraussetzungen für den Schreibflow – einen Zustand der Freude, bei dem Sie voll und ganz im Schreiben aufgehen, weder über- noch unterfordert sind und hoch konzentriert schreiben.

- Schreiben Sie täglich fünf Minuten zur gleichen Zeit, bis Sie einen Schreibreflex entwickeln. So entsteht Aufschieberitis gar nicht erst.

- Reflektieren Sie die Gefühle, die Ihr Schreiben begleiten. Dadurch schreiben und handeln Sie zukünftig freier und gewinnen persönlich.

Wie Sie Strukturen planen und übersichtliche Texte aufbauen

A plan has to be cheap enough to throw it away.

Linda Flower, US-amerikanische Schreibforscherin

Beim Laufen im Park traf ich eine Kollegin. Während wir ein paar Worte wechselten, musterte sie mein erhitztes Gesicht und meine Sportkleidung. „Das wäre nichts für mich, einfach nur so dahinzulaufen", sagte sie schließlich. „Treiben Sie denn Sport?", fragte ich zurück. Und ob Sie's glauben oder nicht, sie sagte: „Zirkeltraining". Sie ging zu einem Sportkurs, der die Möglichkeit bot, an verschiedenen Stationen nacheinander Kraft, Ausdauer, Beweglichkeit und Schnelligkeit zu trainieren und dabei immer wieder etwas Neues auszuprobieren. Ich bin froh, die Kollegin getroffen zu haben, denn sie lieferte mir die Überschriftenidee für diese Trainingseinheit. Auch Schreiben ist Zirkeltraining: Nacheinander werden verschiedene Schreibstationen – nämlich Abschnitte, Punkte und Kapitel – absolviert. Der Schreibende behält die verschiedenen Stationen im Blick und kann sich aussuchen, woran er gerade schreiben will. Wenn er Stationen gerne anders hätte, baut er sie einfach um oder ändert die Reihenfolge. Die Schreibforscherin Linda Flower schreibt dazu, ein Plan müsse billig genug sein, um ihn zu verwerfen: Erwarten Sie schon beim Planen, Ihre Gliederung bei Bedarf noch zu ändern. So kann sie besser werden.

Mit Schreibsprints und Schreibmuskelaufbau haben Sie in den letzten Trainingseinheiten frei und intuitiv geschrieben. Sie haben neue Gedanken entwickelt, die inspirieren und weiterbringen. Nun beginnt die dritte Phase im Schreibprozess: Jetzt planen Sie Ihren zukünftigen Text. Sie schreiben nicht mehr assoziativ drauflos, sondern Sie strukturieren eher rational: Wie viele Gliederungsebenen sind sinnvoll? Welche Überschriften sind in welcher Reihenfolge am besten? Strukturieren kann gleichwohl kreativ und lustvoll sein, doch gerade der Schreibtyp „Drauflosschreiber" tut sich oft schwer damit, seinen freien Gedankenfluss zu disziplinieren. Das ist in Ordnung, solange sich während des Schreibens langsam die Textstruktur herauskristallisiert. Früher oder später jedoch kommt kein Schreiber darum herum, sich für eine Struktur zu entscheiden und damit sich selbst und seinen Lesern Orientierung zu geben – auch wenn er sie später noch verändert.

Die meisten von uns gliedern linear, Punkt für Punkt untereinander. So sind wir es gewöhnt. Doch es gibt weitaus kreativere Strukturierungstechniken, die das Denken durch gehirngerechte Darstellung aktivieren und einen besseren Überblick schaffen. In dieser Trainingseinheit lernen Sie drei Möglichkeiten kennen, wie man Texte und Abschnitte einfallsreich plant und von der Gliederung die Brücke zum ausformulierten Text baut.

Gedankenlandkarten für den kreativen Überblick

„Mindmapping, das kenne ich doch schon", kommentieren Workshopteilnehmer, wenn ich das Wort erwähne, und gliedern schließlich ihre Texte doch unerwartet anders als gewohnt. Mindmapping ist heute zu einer der wichtigsten kreativen Strukturierungstechniken avanciert. Warum? Weil es eine denkfördernde Alternative zur herkömmlichen Gliederung darstellt, die kreativer ist, einfach Spaß macht und der Arbeitsweise des Gehirns besser entspricht als lineares Gliedern.

Denn bei jedem Gedanken arbeiten komplexe Neuronennetze in der Großhirnrinde zusammen. Der Gedanke selbst ist also eine über das ganze Gehirn verstreute Aktivität. Eine Mindmap – eine Gedankenlandkarte – nähert sich dieser Erscheinungsform an: In der Mitte steht das Kernthema, davon zweigen die Hauptäste als erste Ebene einer Gliederung ab, davon wiederum die zweite Ebene und so weiter.

Mindmaps eignen sich besonders gut für komplexe Themen, die Sie in all ihren Facetten erarbeiten und darstellen möchten: Auf einen Blick sehen Sie in der Mitte Ihr Kernthema und können sich zur Peripherie blickend den weniger zentralen Punkten nähern. Das entstehende Gebilde zeigt sich dabei jedes Mal so einzigartig, wie es Ihre individuellen Ideen und deren Kombination sind.

Mit der folgenden Mindmapping-Übung können Sie wertvolle Anregungen fürs Gliedern mitnehmen.

Übung
Mindmapping   10 Minuten

- Legen Sie Farbstifte, Textmarker, Schreibstift und ein DIN-A4- oder -A3-Blatt im Querformat bereit.

- Schreiben Sie in die Mitte des Blattes ein Kernwort: das zentrale Wort zu Ihrem Thema oder ein Schlüsselwort aus Ihrer Überschrift. Sie können auch Zwei- oder Dreiwortkombinationen schreiben. Suchen Sie das Kernwort aus, mit dem Sie etwas verbinden und das Ihr Thema griffig veranschaulicht. Also lieber „Überzeugungskraft" statt „Argumentativer Aufbau in Vorträgen und seine Wirkung auf die Zuhörer".

- Umranden Sie das Kernwort.

- Lassen Sie erste Hauptäste aus Ihrem Kernwort wachsen, die in einiger Entfernung in die Waagrechte biegen. Auf diesen Hauptästen platzieren Sie im Uhrzeigersinn Ihre Hauptüberschriften – wiederum als Kernwörter.

- Für die zweite Gliederungsebene nehmen Sie einen Stift mit einer anderen Farbe zur Hand. Lassen Sie damit von den Hauptästen die ersten Nebenäste abzweigen, die Sie ebenso beschriften. Sie können beliebig viele weitere Verzweigungen in der jeweils nächsten Gliederungsebene anfügen. Am besten verwenden Sie für jede Ebene eine andere Farbe.

- Wenn sich die Mindmap vervollständigt, treten Sie einen Schritt zurück und nehmen aus der Distanz wahr: Wo fehlen noch Äste oder gehören an einen besseren Ort? Wirkt die Mindmap inhaltlich vollständig? Verändern Sie eventuell Unstimmigkeiten.

- Ziehen Sie Verbindungslinien zwischen verwandten Begriffen und Aspekten. Markieren Sie so Zusammenhänge im besten Wortsinn. Das Gleiche tun Sie mit Aspekten, die an verschiedene Orte gehören könnten.

- Schreiben Sie nun an den Ästen Textnotizen dazu oder verweisen Sie auf Texte, die Sie bereits geschrieben haben.

- Lassen Sie die Mindmap auf sich wirken und registrieren Sie: Wo bleibt Ihr Blick neugierig hängen, wo zieht Sie Ihr Interesse hin? Was würden Sie als Leser gerne zuerst lesen? Was als Zweites? Markieren Sie diese Reihenfolge durch Nummerierung mit einem farbigen Stift.

- Ihre Mindmap ist vorerst fertig. Befestigen Sie sie gut sichtbar an einer Wand, um sich daran zu orientieren oder zu ergänzen und zu verändern.

Auf der nächsten Seite sehen Sie eine Mindmap zum Thema „Gefühle beim Schreiben", die ich mit einer Software erstellt habe. Ich habe dabei verschiedene Gefühle und Stimmungen den sieben Schreibphasen zugeordnet. Sie tauchen bei meinen Kunden und mir selbst des Öfteren auf und können in gewisser Weise als typisch für die jeweilige Schreibphase gelten. Die Verbindungspfeile weisen auf Gegensätze oder Ähnlichkeiten hin, die Notizsymbole an einigen Hauptästen zeigen an, dass dort Texte hinterlegt sind.

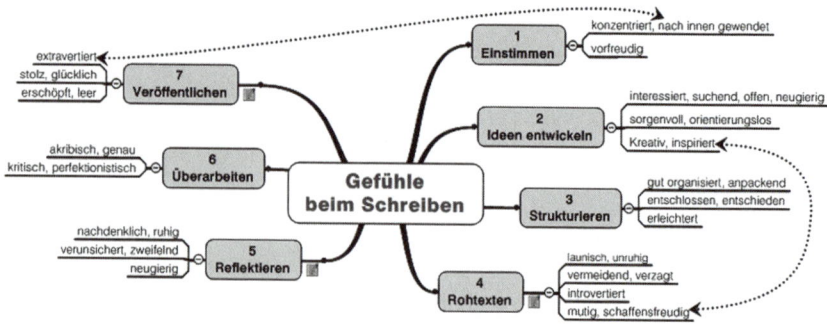

Tipp

Die flexible Gliederung

Wenn Ihnen das Mindmapping gefällt, so empfehle ich Ihnen dafür eine Software. Denn Gliederungen sollen und können flexibel bleiben und während des Schreibens verändert werden. Mit dem Zitat am Beginn dieser Trainingseinheit nimmt Linda Flower genau darauf Bezug: Eine Gliederung sollte immer so vorläufig geplant werden, dass sie leicht durch eine bessere ersetzt werden kann. Eine Mindmapping-Software wird diesem Anspruch spielend gerecht. Sie können jederzeit einfügen, verschieben, miteinander verknüpfen, löschen, mit weiteren Dokumenten verlinken und an jeder Stelle Fließtext anfügen. So wird Mindmapping zum echten Denk- und Kreativitätswerkzeug – zeitsparend und zum Experimentieren einladend. Achten Sie bei der Softwareauswahl darauf, dass es möglich ist, Textnotizen zu hinterlegen und die gesamte Mindmap mit Notizen als linearen Text nach Word oder Powerpoint zu exportieren. Nur so können Sie Ihre Mindmap zusätzlich auch als Textproduktionswerkzeug nutzen.

Eine flexible Mindmap geht übrigens auch mit Papier und Stift. Schreiben Sie Ihre Schlüsselbegriffe, die sonst auf den Ästen Ihrer Mindmaps stehen würden, auf kleine Haftnotizen oder Kärtchen und ordnen Sie sie verschiebbar um das Kernwort herum an.

Für meine Arbeit an diesem Buch zum Beispiel hatte ich am Computer immer eine Mindmap-Datei geöffnet. Der Anblick meiner Buch-Gliederung wurde mir so vertraut, dass ich auch in der Vorstellung mit der Anordnung spielen konnte. Anfangs schrieb ich meine Textideen direkt bei jedem Zweig in das Textfenster. Mit Zweigverbindungen behielt ich den Überblick über verwandte Themen und vermied so Wiederholungen. Hier plante ich auch die Seitenanzahl, den jeweiligen zentralen Inhalt für jedes Kapitel und die Abbildungen. Mit Hyperlinks gelangte ich später einfach zu den Kapiteln im Word-Programm.

Der rote Faden – Brücke zum Text

Der rote Faden ist der Kompass, der Sie beim Schreiben auf Kurs hält. Er erleichtert Ihnen den Schritt von der Gliederung zum Rohtext. Auch er ist nur für Sie selbst gedacht. Probieren Sie die folgende Übung aus, wenn Sie bereits einen Gliederungsentwurf haben. (Beispiel nächste Seite)

Übung
Den roten Faden spinnen **20 Minuten**

- Legen Sie Ihre Gliederung vor sich hin, zum Beispiel die Mindmap aus der vorherigen Übung.
- Halten Sie einige Blätter Papier bereit oder öffnen Sie ein neues Word-Dokument.
- Verteilen Sie Ihre Gliederung auf die Papierseiten bzw. erstellen Sie eine Gliederung in Ihrem Dokument: Auf jeder Seite erscheinen drei bis fünf Gliederungspunkte mit den dazugehörigen Überschriften, zum Beispiel: 2, 2.1, 2.2 und 2.3. Lassen Sie zwischen den einzelnen Überschriften genug Abstand.
- Stellen Sie Ihre Stoppuhr auf 15 Minuten.
- Spinnen Sie jetzt Ihren roten Faden: Schreiben Sie zügig etwa drei Sätze zu jedem Gliederungspunkt. In diesen drei Sätzen sind die Hauptaussagen zur jeweiligen Überschrift enthalten. Bleiben Sie dabei im Schreibfluss, schreiben Sie also das auf, was Ihnen zuerst einfällt. Fehlende Informationen ersetzen Sie durch eigene Vermutungen.
- Lesen Sie Ihren roten Faden durch und markieren Sie Wichtiges, ergänzen Sie eventuell Fehlendes.
- Heben Sie die Seiten auf: Verwenden Sie Ihren roten Faden für die nächste Schreibphase – das Rohtexten – als Anregung und Orientierung.

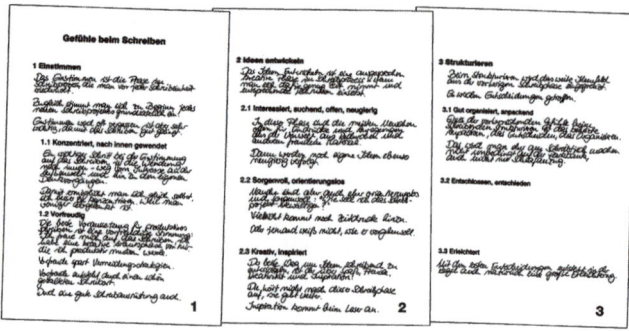

Textpfade – Wegweiser durch den Text

Wie lässt sich die Gleichzeitigkeit von Gedanken in die Schritt-für-Schritt-Reihenfolge eines linearen Textes überführen? Vor dieser Frage steht jeder Autor beim Gliedern ebenso wie beim Rohtexten. Für kurze Texte oder für Abschnitte ist ein Textpfad oft die bessere Alternative zur Mindmap. Sie planen mit dieser Feinstruktur auch kleinste Einheiten des dramaturgischen Aufbaus. Der Textpfad ist das Gegenteil vom Drauflosschreiben. Sie bringen sich dazu, akribisch zu planen.

Übung

Textpfad skizzieren **10 Minuten**

- Nehmen Sie ein Blatt Papier und legen Sie Schreib- und Farbstifte bereit.

- Schreiben Sie oben auf die Seite die Überschrift oder das Kernwort für die Textstrecke, die Sie planen. Die Textstrecke sollte ein kurzer zusammenhängender Text oder nur ein Abschnitt sein.

- Überlegen Sie sich im ersten Schritt, welche Strukturelemente Ihr Text enthalten soll: Womit beginnen Sie Ihren Abschnitt? Mit einer Anekdote? Dann schreiben Sie das Wort „Anekdote" unter die Überschrift und umranden es mit einem Kreis – der erste Wegweiser auf Ihrem Textpfad.

- Davon ausgehend führt eine Linie ein Stück nach unten. Dort folgt der nächste Wegweiser. Wenn Sie jetzt die erste These einführen, so schreiben Sie „These 1" auf und umranden das Wort zum Beispiel mit einem Rechteck.

- Daran knüpft wieder die senkrecht nach unten führende Linie an. Jetzt folgen vielleicht zwei Argumente zu der These: Die führen Sie wiederum nacheinander an – eventuell in kleinerer Schrift oder anderer Farbe.
- So erhalten Sie mit wenig Zeitaufwand schnell eine Übersicht, welche Strukturelemente in Ihrem Text vorkommen sollen.
- Im zweiten Schritt schreiben Sie neben jedes Strukturelement die Inhalte.

Das Vorwort zu diesem Buch ließ sich zum Beispiel mit einem Textpfad leicht planen. Hier sehen Sie einen Ausschnitt:

Vorwort

- These 1 — Erste Chance: Erfahrung/Wissen vermitteln
- Einschränkung — Schreibgefühle durchleben
- Beispiele — Nebenschauplätze, unsicher, empfindlich
- Schlussfolgerung — Konfrontation mit Gefühlen gehört dazu
- These 2 — Zweite Chance: Dazulernen durch Schreiben
- Beispiele — Schreibprozess, Vermeidung, Ideen, Methoden
- Leseransprache — Lust am Schreiben vermitteln

Tipp
Form und Farbe einsetzen

Verwenden Sie verschiedene Formen für die Umrandung der einzelnen Wegweiser: zum Beispiel eine große Ellipse für die erste Hauptaussage, kleine Ellipsen für die dazugehörigen Aspekte, ein großes Rechteck für die nächste Hauptaussage, eine Raute für ein dazupassendes Beispiel. Nutzen Sie verschiedene Farben, um Strukturelemente zu unterscheiden: Rot für Thesen, Grün für Überleitungen, Blau für Beispiele usw. So wird Ihr Textpfad noch übersichtlicher und einprägsamer.

Kompakt: Strukturiert schreiben

- Erleichtern Sie sich die Strukturierungsphase, indem Sie visuelle Gliederungstechniken einsetzen.

- Mindmapping ist als kreative visuelle Gliederungstechnik unübertroffen, besonders für komplexe Themen.

- Mindmapping am Computer lädt dazu ein, flexible Gliederungen zu erstellen, die Sie einfach Ihren sich verändernden Sichtweisen anpassen können. Zudem können Sie es als Textproduktionstool nutzen und nach Word exportieren.

- Schlagen Sie mit dem roten Faden eine Brücke zum späteren Rohtext, indem Sie pro Überschrift höchstens drei Sätze formulieren.

- Mit dem Textpfad schreiten Sie sicher durch die Feinstruktur der Abschnitte.

Ich komme nicht aus dem Staunen heraus, was für ein weiter Weg es ist von dem Satz, der in meinem Kopf ist, bis zu dem Satz, der auf dem Papier steht.

Jurek Becker, Schriftsteller

Don't get it right, get it written.

Deborah Dumaine, Autorin für Business-Writing

Sie ahnen es schon, auch zwischen Ausdauertraining und Schreiben finden sich Parallelen. Ausdauersport bedeutet, kontinuierlich zu trainieren und die Kondition so weit zu stärken, dass Sie in einen Bereich gelangen, in dem alles mühelos gelingt. Erst wenn die Trägheit verschwunden ist, die Puste reicht und müde Muskeln fit sind, macht der Ausdauersport so richtig Spaß. Nicht anders beim Schreiben. In diesem Kapitel geht es um die vierte Schreibphase. Sie schreiben Rohtexte und trainieren Ihre Schreibausdauer. Und die brauchen Sie für diese Schreibphase: Selbst der Schriftsteller Jurek Becker staunt, wie lang der Weg vom gedachten zum geschriebenen Satz ist. Durch Schreibausdauertraining schreiben Sie mit der Zeit immer längere Rohtexte immer lockerer.

Das Wichtigste zum Rohtexten gleich vorweg: Bleiben Sie im Schreibfluss. Das schaffen Sie, indem Sie Ihren Gedankenstrom zügig aufschreiben. Dafür lohnt es sich sogar, das Zehnfingertippen zu erlernen, um Ihrem Denktempo noch näher zu kommen.

Tipp
Voran- statt zurückschreiben

Gehen Sie so vor wie die meisten Schreibprofis und machen Sie es sich für die kritische Phase des Rohtextens so leicht wie möglich: Beim Rohtexten schreiben Sie *Erst*fassungen. Diese Texte sind noch Werkstücke. Korrigieren ist absolut tabu: Schreiben Sie niemals zurück, sondern immer voran – *mit* allen Brüchen, Unvollständigkeiten, schrägen Formulierungen und fehlenden Wörtern. Falls Sie diese Unvollkommenheiten während des Schreibens schon registrieren, dann kennzeichnen Sie sie zum Beispiel durch Sternchen, sind davon entlastet und finden Sie beim späteren Überarbeiten schnell wieder.

Das Zweitwichtigste: Tragen Sie Notizbuch oder Diktiergerät immer bei sich, wenn Sie in einer Rohtextphase sind. Denn auch damit stärken Sie Ihre Schreibkondition. Über den Tag verteilt, können Sie fünf, vielleicht aber auch 15 gute Gedanken zu Ihrem Schreibthema gewinnen. Dadurch ist Ihr Denken zum Schreibthema dermaßen in Bewegung, dass Sie leicht drauflosschreiben können. Und die gesammelten Ideen helfen Ihnen über Durststrecken beim Rohtexten hinweg.

Tipps für Marathonschreiber

Wer ein Buch schreibt, promoviert oder an einem ähnlich umfangreichen Schreibprojekt arbeitet, muss dem Schreib-Burnout vorbeugen. Bleiben Sie langfristig fit, indem Sie die Schreibzeiten begrenzen (zum Beispiel höchstens vier Stunden pro Tag), schreibfreie Tage einrichten (mindestens ein freier Tag pro Woche) und Erholungspausen und Sofortbelohnungen nach jeder Schreibeinheit einplanen (telefonieren, drei Stück Schokolade, tanzen gehen). Bleiben Sie im Austausch – über Ihr Thema, aber auch einfach so. Lassen Sie sich eventuell durch Vertraute oder professionelle Begleiter unterstützen. Sobald das Schreibprojekt Sie chronisch überanstrengt und Sie bemerken, dass Sie immer lustloser schreiben, ist es höchste Zeit, gegenzusteuern.

Testläufe

Wie gelingt also der kritische Schritt von den originellen Ideen und der schlüssigen Gliederung zum flüssig vorangeschriebenen Rohtext? Mit Testläufen. Auch hier gilt vorerst die Devise: Schreiben Sie auf Zeit. Lesen Sie Ihre Notizen vorher durch und schreiben Sie dann weitgehend in vollständigen Sätzen und passablem, aber nicht untadeligem Schriftdeutsch. Ziel von Testläufen ist es, so früh wie möglich einen verständlichen Text zu entwickeln, ohne dass Schreibhemmungen provoziert werden. Deshalb schreiben Sie auch alle Nebengedanken auf, die Ihnen durch den Kopf gehen.

Übung

Mehrstimmiger Testlauf **15 Minuten –**
Zeit langsam steigern

- Führen Sie ein besonders ausführliches Schreibritual durch: Schließen Sie die Tür und Ihr E-Mail-Programm, stellen Sie ein Getränk bereit und platzieren Sie alles, was Sie zum Rohtexten brauchen, in Sichtweite: Schreibdenknotizen, Kernsätze, Recherchematerial und Ihre Gliederung.

- Lesen Sie Ihre Notizen zum Schreibthema durch bzw. hören Sie Ihr Diktiergerät ab. Vergegenwärtigen Sie sich Ihre Gliederung.

- Entspannen Sie sich kurz und entwickeln Sie ein inneres Bild zu Ihrem Schreibthema.

- Stellen Sie Ihre Stoppuhr auf zehn Minuten ein und peilen Sie über den Daumen: Wie viel können Sie in der Zeit schaffen?

- Schreiben Sie einen Rohtext „in die Kladde", der die Grundlage für den eigentlichen Text darstellen könnte. Formulieren Sie in einigermaßen vollständigen Sätzen so flüssig wie möglich. Bleiben Sie nah an Ihren Gedankengängen.

- Schreiben Sie dabei mehrstimmig alles auf, was Ihnen während des Schreibens nebenbei durch den Kopf geht: Wenn Ihr innerer Kritiker sich meldet, so tippen Sie zwei Sternchen und schreiben den Mäkelsatz auf, anschließend folgen wieder zwei Sternchen. Wenn Sie finden, dass hier noch ein besseres Wort gefunden werden könnte, so schreiben Sie auch das als Nebenstimme in Ihren Rohtext – etwa wie im folgenden Beispiel, das aus dem Rohtext meines Vorwortes stammt:

Über das Schreiben zu schreiben bedeutete für mich, während der Arbeit an dem Buchprojekt auch mit schwierigen Phasen konfrontiert zu sein **_Klingt das jetzt nach Jammern? So ist es doch gar nicht gemeint. War doch eine Chance!_** Das sehe ich als /da gab es**eine weitere Chance: Ich habe enorm viel dazugelernt. Nämlich eigene Gefühle /...? **_weiteres Wort?_** für meine berufliche und persönliche Entwicklung zu nutzen. Noch während des Schreibens an diesem Buch habe ich zum Beispiel erfahren, wie umfassend

- Achten Sie rechtzeitig darauf, Ihre geplante Textstrecke zu Ende zu führen: Wenn Sie weniger geschafft haben als geplant, so schreiben Sie den Rest in Stichworten oder Halbsätzen fertig. Auf diese Weise arbeiten Sie beim Rohtexten immer so, dass Sie das Gefühl haben, die geplante Einheit zumindest einigermaßen abgeschlossen zu haben.

- Werten Sie nun aus, was bei dieser Art des Schreibens anders ist als sonst. Was ging leichter? Was war schwierig? Wann stockte Ihr Schreibfluss? Was können Sie aus den Nebenstimmen schließen?

- Werten Sie nun aus, was bei dieser Art des Schreibens anders ist als sonst. Was ging leichter? Was war schwierig? Wann stockte Ihr Schreibfluss? Was können Sie aus den Nebenstimmen schließen?

Können Sie sich vorstellen, von nun an die Erstfassungen Ihrer Texte so zu schreiben – unfertig, mehrstimmig, überarbeitungswürdig und zugleich zügig und im Schreibfluss?

Tipp
Hochleistungsvariante Trainingsläufe

Wenn Sie einen besonders wichtigen Text zu schreiben haben – das Vorwort für Ihr neues Buch, das Editorial für den Jahresbericht –, dann schreiben Sie Trainingsläufe: Schreiben Sie einen Textabschnitt drei- bis fünfmal neu. Sie schreiben sich damit warm und Ihnen gelingen mit jeder Version andere treffsichere Passagen. Die Highlights können Sie hinterher aus den verschiedenen Versionen zusammenstellen. Oder plötzlich entsteht eine Version, bei der alles stimmt.

Das Unbewusste aktivieren

Je länger ein Thema bearbeitet wird, desto lebhafter beteiligt sich das Unbewusste an den Problemlösungen. Wenn man es mit einbezieht, so sprudelt eine Ideenquelle, die man für seine Schreibzwecke anzapfen kann: Das Unbewusste liefert Ihnen den Löwenanteil an genialen Ideen, Gliederungsvorschlägen und stimmigen Formulierungen. Da kann es gerade für herausfordernde Schreibprojekte interessant sein, einen Zugang zum Unbewussten zu erlangen.

Doch Ideen aus dem Unbewussten pflegen sich gerade dann zu melden, wenn man *nicht* bewusst daran arbeitet. Nämlich in den Phasen verringerter Denkaktivität: Autofahren, Duschen, Joggen, Kochen. Notizbuch oder Diktiergerät helfen dabei, diese Einfälle nicht zu verlieren. Ein weiterer Zugang zum Unbewussten ist bei Wissenschaftlern und Künstlern bekannt: Sie entwickeln Ideen und Problemlösungen aus Träumen oder aus dem halbwachen Zustand. Der Chemiker D. I. Mendelejew, der 1869 das Periodensystem der Elemente entwickelte, hatte schon lange über der richtigen Ordnung der Atome gebrütet. Die entscheidende Lösung entstand im Traum: „Ich sah im Traum die Tabelle, in der alle Elemente so verteilt waren, wie es sein musste. Ich erwachte sofort und schrieb alles auf ein Stück Papier. Nur an einer Stelle erwies sich später eine Korrektur als nötig." Und der Arzt des Dichters Alexander Puschkin berichtete: „Puschkin träumte die Verse so lebhaft, dass er nachts vom Bett aufsprang und sie gleich im Dunkeln niederschrieb." Vielleicht haben Sie Lust, diese Option einige Male auszuprobieren, bis Sie wirkt – vielleicht gerade auch für persönliche Fragen, die Sie lieber „mit ins Bett nehmen" als berufliche?

Übung

Träume nutzen **abends 2, morgens 3 Minuten (einige Male ausprobieren)**

- Nehmen Sie vor dem Schlafengehen ein Blatt Papier oder Ihr Notizbuch zur Hand und schreiben Sie eine Frage auf: zum Inhalt, zur Gliederung, oder zu einem anderen Thema, das Sie beschäftigt.

- Legen Sie Diktiergerät oder Papier und Stift in Reichweite.

- Lassen Sie Ihr Unbewusstes alles Weitere erledigen und versuchen Sie lediglich direkt beim Aufwachen, sich an wichtige Trauminhalte zu erinnern. Oder lassen Sie beim Aufwachen – noch zwischen Schlafen und Wachen – Ihre Gedanken treiben. Warten Sie ab, was eventuell an Ideen zu Ihrem Thema auftauchen mag, aber nicht muss.

- Dokumentieren Sie neue Erkenntnisse, denn gerade die ersten Ideen im halbwachen Zustand sind leicht wieder vergessen.

Erwarten Sie nicht zu schnell zu viel: Wer sich an seine Träume nur schwer erinnert, wird dies selten in wenigen Tagen ändern können. Je öfter Sie jedoch Ihr Unbewusstes befragen, desto verlässlicher reagiert es mit Hinweisen.

Ausdauertraining mit Schreibsessions

Die folgenden Schreibsessions stärken Ihre Schreibkondition mit hintereinander geschalteten Übungen von der Idee bis zum Rohtext. Sie kombinieren Techniken aus den letzten Trainingseinheiten. Sie nähern sich Ihrem Schreibthema also Schritt für Schritt mit verschiedenen Bewegungsabläufen. Und Sie wiederholen bisher Gelerntes und verankern es in Ihren alltäglichen Schreibroutinen. Planen Sie 12 bis 30 Minuten dafür ein.

Übung

Schreibsession I:
Schreiben mit Sprache 15 Minuten

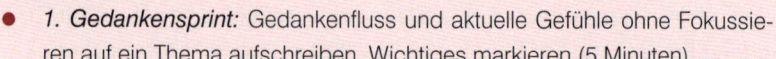

- *1. Gedankensprint:* Gedankenfluss und aktuelle Gefühle ohne Fokussieren auf ein Thema aufschreiben, Wichtiges markieren (5 Minuten)

- *2. Wortsprint:* Zu einer Überschrift – eventuell aus dem vorhergehenden Gedankensprint – Stichwortassoziationen sammeln, beim Lesen weitere Assoziationen ergänzen und Wichtiges markieren (3 Minuten)

- *3. Fokussprint:* Daraus eine Überschrift formulieren und fokussiert auf die Überschrift sprinten, Wichtiges markieren (5 Minuten)

- *4. Verdichtung:* Den Fokussprint verdichten, zum Beispiel so: 1. Zeile: 1 Wort / 2. Zeile: 2 Wörter / 3. Zeile: 3 Wörter / 4. Zeile: 4 Wörter / 5. Zeile: 1 Wort. Einen griffigen Kernsatz daruntersetzen (2 Minuten).

Schreibsession II:
Schreiben mit Bildern 30 Minuten

- *1. Inneres Bild* des Themas entwickeln und skizzieren (5 Minuten)

- *2. Beschriften:* Themenbild beschriften und das wichtigste Wort markieren (3 Minuten)

- *3. Cluster:* Dieses als Kernwort für einen Cluster verwenden, wichtigste Assoziationen im Cluster markieren (5 Minuten)

- *4. Zweiter Cluster:* Daraus einen weiteren Cluster erstellen und wiederum die wichtigsten Assoziationen markieren (5 Minuten)

- *5. Visuell strukturieren:* Aus dem zweiten Cluster eine visuelle Gliederung erstellen – eine Mindmap oder einen Textpfad (5 Minuten)

- *6. Beschriften:* Strukturelemente nummerieren (2 Minuten)

- *7. Testlauf:* Struktur als Rohtext ausformulieren (5 Minuten oder mehr).

Schreibsession III:
Verdichten 12 Minuten

- *1. Fokussprint:* Eine Überschrift formulieren und fokussiert auf die Überschrift sprinten, Wichtiges markieren (5 Minuten)

- 2. *Erste Verdichtung (mit Wörtern)* zum Fokussprint schreiben: 1. Zeile: 1 Wort / 2. Zeile: 2 Wörter / 3. Zeile: 3 Wörter / 4. Zeile: 4 Wörter / 5. Zeile: 3 Wörter / 6. Zeile: 2 Wörter / 7. Zeile: 1 Wort (2 Minuten)

- 3. *Zweite Verdichtung (mit Silben):* 1. Zeile: 5 Silben / 2. Zeile: 7 Silben / 3. Zeile: 5 Silben (2 Minuten)

- 4. *Kernsatz reduzieren:* Zu den Verdichtungen einen Kernsatz schreiben, diesen kürzerfassen, diesen eventuell nochmals reduzieren (3 Minuten).

Kompakt: Los- und weiterschreiben

Rohtexten ist die kritische Schreibphase, bei der viele Schreiber sich durchquälen oder aufgeben. Doch es gibt einen Trick dafür: Schreiben Sie zügig voran und korrigieren Sie nie. So produzieren Sie schnell größere Textmengen, deren Überarbeitung Sie sich für später aufheben.

Mit mehrstimmigen Testläufen integrieren Sie eventuell auftretende Nebenstimmen und trainieren, sich weniger zu zensieren.

Ideen aus dem Unbewussten schöpfen Sie im Alltag oder indem Sie Träume auswerten. Wer möchte, gewinnt so Zugang zu seiner Intuition und kann sie in seine intellektuelle Arbeit integrieren.

Mit Schreibsessions kombinieren Sie unterschiedliche Methoden von der Idee bis zum Rohtext in wenig Zeit.

9. Trainingseinheit: Dehnungsprogramm

Wie sinnvolle Pausen Texte besser machen

Hast du die Geduld zu warten, bis sich der Schlamm setzt und das Wasser sich klärt?

Laotse, chinesischer Philosoph, 600 v. Chr.

Der Körper lügt nicht.

Martha Graham, Tänzerin

Wann waren Sie das letzte Mal in einen Ihrer Texte verliebt? Haben Sie schon einmal vor Schreib-Selbstwertgefühl gestrotzt und hatten das Gefühl, mit Ihrem Text Berge versetzen, die Berufswelt verändern zu können und – bekamen dann ein überaus kritisches Feedback? Auch beim Schreiben gibt es ein Verliebtheitsstadium, gerade wenn einem der Text sehr am Herzen liegt und viel Arbeit hineingeflossen ist. Diese Verliebtheit ist ganz normal und wichtig. Sie motiviert zum Schreiben und trägt durch das Schreibprojekt. Zum Ende hin ist es aber ebenso wichtig, zurückzutreten und mit Distanz unparteiisch auf den Text zu blicken und ihn angemessener einzuschätzen.

Deshalb wissen Profischreiber: Gute Texte brauchen Pausen, in denen der Autor sich regeneriert, sich aus der Verliebtheit in den eigenen Text löst und Abstand zum Text gewinnt. Das Dehnungsprogramm hilft Ihnen dabei. Der Läufer sucht sich zwischendurch ein friedliches Plätzchen für seine Dehnungsübungen, spürt intensiv seinen Körper und blickt zufrieden und stolz auf die zurückgelegte Strecke. Genauso halten auch Sie inne und dehnen wohlig Ihre von der Anstrengung verkürzten Schreibmuskeln. Mit erfrischtem Geist und Körper und gestärkt durch ein Feedback gehen Sie erst dann in die Überarbeitungsphase.

So reift Ihr Text, während Sie pausieren

Um einen schlüssig überarbeiteten und durchweg stimmigen Text zu schreiben, brauchen Sie Zeit. Zeit, um beim Schreiben zu pausieren. Zeit, um den Text reifen zu lassen. Planen Sie diese Zeit vorher ein. Makro- und Mikropausen sind dabei gleichermaßen wichtig. Mikropausen sind die kleinen Pausen innerhalb einer Schreibeinheit: In drei Stunden vielleicht zwei solcher Fünf- oder Zehn-Minuten-Pausen. In den Makropausen ruht der Text am besten einige Tage. Aber auch ein halber Tag oder eine Stunde Mittagspause bringen schon viel.

Mikropausen - das Gegenteil machen

Gestalten Sie Ihre Mikropausen während des Schreibens so individuell wie möglich: Experimentieren Sie herum, um herauszufinden, welche Art von Pausen für Sie am besten sind. Dass Sie pausieren müssen, um leistungsfähig zu bleiben, ist dabei sicher, denn unser Leben ist von Rhythmen bestimmt und funktioniert ohne diese natürlichen Schwingungen gar nicht.

Rhythmusforscher empfehlen für Mikropausen innerhalb der Arbeitszeit, dass bei 90 Minuten rund 75 Minuten konzentriertes Arbeiten, aber auch 15 Minuten Entspannung eingeplant werden sollten. Und wie gestaltet man diese Pausen? Als Faustregel gilt: Tun Sie in der Pause das Gegenteil von dem, was Sie während Ihrer Arbeitsphase getan haben. Wenn Sie während des Schreibens angespannt nach vorn gebeugt auf den Bildschirm gestarrt haben, so lehnen Sie sich jetzt zurück und schließen die Augen. Wenn Sie unbeweglich und steif dagesessen haben, so werden Sie wieder beweglich, indem Sie aufstehen und Ihre Glieder ausschütteln. Wenn Sie hoch konzentriert und strukturiert nachgedacht haben, so lassen Sie Ihre Gedanken jetzt assoziativ und planlos vor sich hinschweifen.

Übung
Welcher Pausentyp bin ich? **5 Minuten**

Beantworten Sie die folgenden Fragen, indem Sie im Arbeitsalltag Pausenvarianten testen und sich beobachten:

- Helfen mir häufige Pausen, mich zu regenerieren und hinterher konzentrierter wieder einzusteigen – oder halten mich Pausen davon ab, konzentriert zu arbeiten?

- Arbeite ich manchmal produktiv einige Stunden ohne Pause, wenn ich ganz in meiner Tätigkeit aufgehe – oder überschreite ich durch zu seltene Pausen meine Kraftgrenzen und bin schließlich erschöpft und unproduktiv?

- Regeneriere ich mich körperlich durch Bewegung und Aktivität, zum Beispiel durch Blumengießen, Treppensteigen, Briefkastengänge oder Gymnastik im Büro – oder besser durch Entspannung, auf dem Sofa liegend oder mit geschlossenen Augen zurückgelehnt im Bürosessel?

- Regeneriere ich mich geistig durch neue Anregungen, durch Lesen oder Reden – oder regeneriere ich mich durch innere Stille und Leere im Kopf?

Makropausen – den Text vergessen

Haben Sie schon einmal Ihren Text nach ein paar Tagen wieder zur Hand genommen und sich gewundert, was da erstaunlich Kluges, Sinnloses oder Unverständliches zu lesen war? Das ist das Beste, was Ihnen durch das Dehnungsprogramm passieren kann: Sie haben so viel Distanz zum eigenen Text, dass er Ihnen fremd geworden ist. So können Sie ihn beim folgenden Endspurt mit den Augen Ihrer Leser lesen, Ihnen fallen Denkfehler, Lücken, Wiederholungen und Unsinniges auf. Zugleich stechen Ihnen mit frischem Blick auch die Highlights ins Auge: der besondere Gedankengang oder die schlüssige Argumentation, die Sie beim Endspurt ins Zentrum des Textes stellen können.

Was brauchen Sie also für Makropausen? Zeit, Sportkleidung und eine Couch: Zeit, um sich den Text fremd werden zu lassen. Die Sportkleidung, um mit Ihrer Lieblingssportart Gehirn und Körper zu regenerieren. Die Couch, um durch einen Minischlaf das Denken effektiver zu erfrischen, als es jeder Kaffee vermag.

Davor - dabei - danach: Schreiben in Bewegung

Bewegung ist eines der besten Mittel, um nicht nur den Körper, sondern auch das Denken zu regenerieren. Mit Sport in den Makropausen, mit Körperübungen in den Mikropausen. Körperfitness hilft Ihnen ebenso wie Schreibfitness dabei, gut zu schreiben. Beides gehört zusammen. Denn gleichzeitig mit dem körperlichen Ausgleich entwickeln Sie damit noch etwas anderes: Ihre Gehirnzellen! Die Bildung von Nervenzellen im Gehirn wird durch Sport angeregt. Während Hirnforscher noch bis vor 20 Jahren das erwachsene Gehirn als unveränderliches Nervenbahnknäuel beschrieben, in dem ab einem bestimmten Alter keine Zellen mehr neu gebildet werden, weiß man heute, dass Sport das beste Mittel ist, um das Denken fit zu halten.

Aber auch schon ein- bis zehnminütige Kurzpausen innerhalb einer Schreibeinheit können Sie für erholsame Bewegungen nutzen, die zu Ihnen passen und für sitzende Bildschirmarbeit besonders geeignet sind. Die folgenden Körperübungen helfen Ihnen, am Abend erfrischt statt vollkommen erledigt aus dem Büro heimzukehren.

Übung

Das kleine Dehnungsprogramm
🕐 **3 Minuten**

- Stehen Sie von Ihrem Arbeitsplatz auf und laufen Sie ein paar Schritte im Raum umher. Schütteln Sie Ihre Arme und Beine aus und entspannen Sie dabei Ihre Glieder. Achten Sie darauf, dass Finger-, Hand- und Fußgelenke locker sind.

- Richten Sie nun die Wirbelsäule auf und dehnen Sie genau die Muskeln und Sehnen, die in der Sitzposition beim Schreiben verkürzt und angespannt sind, nämlich die vordere Brust- und Schultermuskulatur und die Armbeugemuskulatur: Schieben Sie die Schulterblätter nach hinten und nach unten und richten Sie das Brustbein auf. Stellen Sie sich vor, ein Faden würde an Ihrem Scheitelpunkt von der Wirbelsäule ausgehend den Hals und Kopf sanft nach oben ziehen. Machen Sie den Hals ganz lang, indem Sie das Kinn wie zu einem Doppelkinn nach hinten schieben.

- Spreizen Sie nun die Arme zu beiden Seiten leicht vom Körper weg. Die Finger sind ausgestreckt, die Handflächen zeigen nach vorn. Führen Sie die ausgestreckten Arme und Hände nach hinten. Sie spüren ein Ziehen auf der Innenseite der Arme und Hände – eine Dehnung für verkrampfte Armmuskeln und angespannte Schreibhände.

- Zum Schluss schütteln Sie noch einmal Arme und Beine aus und kehren zu Ihrem Arbeitsplatz zurück.

Varianten im Sitzen oder Stehen:

- Führen Sie die Arme nach oben und strecken und dehnen Sie so Ihre Brustwirbelsäule.

- Machen Sie zusätzlich einige Armkreise mit ausgestreckten Armen.

- Drehen Sie die Brustwirbelsäule abwechselnd in beide Richtungen:
  a) In aufrechter Sitzhaltung: Führen Sie den linken Arm zur Außenseite des rechten Oberschenkels und drehen Sie den rechten Arm und den Kopf nach rechts hinten. Anschließend führen Sie die Bewegung zur anderen Seite aus.
  b) Im Stehen: Halten Sie die Arme weiter über den Kopf gestreckt und drehen Sie den Oberkörper und Kopf langsam zur einen, dann zur anderen Seite, so weit es geht.

Aber auch während des Schreibens können Sie mit winzigen Bewegungen aktiv bleiben. Kippeln Sie mit Ihrem Becken und benutzen Sie bewegungsfördernde Sitzmöbel. Und mit dem häufigen Blick aus dem Fenster, zum Bild an der Wand oder zum Kollegen entspannen Sie die einseitig im Nahbereich belasteten Augen.

Tipp
Durchatmen

Versuchen Sie beim Schreiben ab und zu auf Ihren Atem zu achten. Atmen Sie flacher, während Sie gerade an einem komplizierten Satz feilen? Stockt Ihnen der Atem, weil der Abgabetermin naht? Gönnen Sie Ihrem Atem zwischendurch ein paar tiefere Züge, die Sie bewusst in die Lunge ein- und ausströmen lassen. Mit dem Atem bringen Sie frischen Sauerstoff in Ihren Körper und versorgen ihn – und damit auch Ihr arg beanspruchtes Gehirn – mit lebenswichtiger Energie. Und Sie bauen Stress ab. Denkblockaden lösen sich und die Ideen fließen wieder. Lüften Sie Ihren Schreibraum gut.

Der Minischlaf – Sofortenergie für Körper und Geist

Machen Sie am Wochenende oder im Urlaub gerne ein kleines Mittagsschläfchen? Haben Sie dabei erlebt, wie erfrischend, entspannend, aufmunternd und ausgleichend solch ein Nickerchen wirkt? Allein in Deutschland leiden zwölf Millionen Menschen unter übersteigerter Müdigkeit am Tage. Doch die quälende Mittags- und Nachmittagsmüdigkeit muss nicht sein: Der zehn- bis zwanzigminütige Minischlaf ist die hervorragende Alternative zu Kaffeekonsum, leerem Kopf und peinlichem Wegdämmern beim nachmittäglichen Meeting. Wer allerdings länger als zwanzig Minuten schläft, ist anschließend meist nicht erfrischt, sondern bleibt noch bis zu zwei Stunden schläfrig.

Der renommierte Schlafforscher Karl Hecht hat nachgewiesen: Der Minischlaf im mittäglichen Leistungstief erhöht die Arbeitsproduktivität um 15 bis 20 Prozent. Die sonst übliche Absenkung der Produktivität am Nachmittag fällt ganz weg. Stressresistenz, Sinnes- und Gedächtnisleistungen und Nachtschlaf verbessern sich. Für Japaner und Chinesen ist das eine Binsenweisheit: Dort schlafen traditionell nahezu alle Erwachsenen tagsüber für einige Minuten und profitieren davon mit einer hohen Leistungsfähigkeit. Und die wirkt ganz direkt auf das Schreiben: Ab einem gewissen Grad der Ermüdung hört auch der denkgewandteste Mensch einfach auf, klug zu denken. In den westlichen Industriestaaten ist der Minischlaf bei der Arbeit weitgehend noch als Faulheit verpönt, hierzulande leisten ihn sich nur fünf Prozent der arbeitenden Bevölkerung. Doch manche innovative Unternehmen denken inzwischen um; so stehen etwa bei SAP Ruheräume für Mitarbeiter zur Verfügung. Vielleicht finden auch Sie eine Möglichkeit im Alltag.

Übung
Minischlaf
🕐 **15 Minuten – möglichst täglich**

- Achten Sie auf Ihre persönliche Schlafneigung, die spätestens irgendwann in der Mittagszeit auftritt. Mit der Zeit merken Sie immer deutlicher, wann der Zeitpunkt günstig ist.

- Wählen Sie einen Ort aus, an dem Sie sicher sein können, dass Sie nicht gestört werden, vielleicht Ihr abgeschlossenes Büro oder einen ungenutzten Arbeitsraum.

- Stellen Sie Ihren Wecker auf ca. 15 Minuten ein.

- Richten Sie sich eine vollkommen entspannte Position ein. Das ist im Sitzen oder im Liegen möglich.

- Schließen Sie die Augen und wenden Sie Ihre Aufmerksamkeit nach innen.

- Beobachten Sie Ihren Atem, wie er ein- und ausströmt.

- Wandern Sie mit Ihrer Aufmerksamkeit durch jeden Bereich Ihres Körpers und entspannen Sie ihn, bis er sich schwer und warm anfühlt.

- Lassen Sie sich von Ihrer Müdigkeit in den Schlaf tragen, versuchen Sie aber nie, den Schlaf zu erzwingen. Selbst wenn Sie nicht schlafen, kann diese Entspannung Ihnen viel Erholung bringen.

- Anfangs werden Sie vielleicht noch einen Wecker brauchen, um nach ca. 15 Minuten aufzuwachen. Oder Sie erwachen nach wenigen Minuten von selbst.

- Aktivieren Sie sich gleich nach dem Aufwachen mit einer positiven Gedankenformel: „Jetzt bin ich wach und erfrischt." Sie können auch einen Satz formulieren, der sich auf die anstehende Arbeitsphase bezieht: „Ich schreibe flüssig auf mein Ziel hin." Wichtig ist, dass der Satz für Sie stimmig klingt und keine Verneinungen enthält.
- Stehen Sie auf, lockern Sie Ihre Glieder, gähnen Sie herzhaft und vertreiben Sie damit die letzte Trägheit.

Wenn Sie den Minischlaf regelmäßig und immer zu einer ähnlichen Zeit einüben, so werden Sie dadurch Ihre geistige und körperliche Verfassung deutlich verbessern.

Im Dialog mit sich selbst: Vom inneren Kritiker zum inneren Mentor

„Was schreibst du denn da wieder für ein Durcheinander?", „Wen soll denn das interessieren?", „So reicht das aber noch lange nicht!", „Das wird doch nie was". Typische innere Stimmen, die das Schreiben überkritisch kommentieren. Jeder hat innere Stimmen, oft nur halb bewusst oder so vertraut, dass sie nicht auffallen. Doch gerade beim Schreiben werden kritische Stimmen manchmal besonders laut, weil der Schreibende still und mit sich allein ist.

Dass kritische Stimmen schreibhemmend sind, liegt auf der Hand: In einer wertschätzenden Atmosphäre arbeitet und schreibt es sich besser und kreativer. Doch jede Medaille hat zwei Seiten, und so kann auch der innere Kritiker mit der Zeit zum inneren Mentor werden, der Sie beim Schreiben unterstützt, inspiriert und zu Höchstleistungen anspornt.

Wie Sie den mäkeligen Kritiker deutlicher „hören", sich distanzieren lernen und dem unterstützenden inneren Mentor mehr Gewicht verleihen, lernen Sie mit den folgenden zwei Übungen.

- Teilen Sie ein Blatt Papier in zwei Spalten auf. Auf der linken Seite notieren Sie die Überschrift „Schreiberin" oder „Schreiber" (oder einen anderen Namen, der Ihr optimistisches, schreibfreudiges Ich charakterisiert). Auf die rechte Seite schreiben Sie „Kritiker" oder „Kritikerin" (oder einen anderen Namen, der Ihren inneren Kritiker charakterisiert).

- Schreiben Sie einen fiktiven Dialog zwischen den beiden Anteilen Ihrer Person: Der Schreiber beginnt, der Kritiker antwortet, der Schreiber reagiert wiederum darauf und so weiter.

- Schreiben Sie möglichst unzensiert und beobachten Sie einfach, wie sich der Dialog entwickelt: Entsteht ein Streitgespräch, eine Einigung, ein Nebeneinander zweier unvereinbarer Positionen?

- Erst gegen Ende schätzen Sie ein: Wer hatte bisher die Oberhand? Wer kann wem mehr entgegensetzen?

- Lenken Sie den Dialog zum Abschluss in eine positive Richtung: Der optimistische Schreiber gewinnt an Boden und darf das letzte Wort behalten. Am besten schließt er Frieden mit dem Kritiker.

- Werten Sie den Dialog hinterher aus: Welche Aussagen trifft der Kritiker? Sind diese Ihnen vertraut, auch aus anderen Situationen? Woher und vom wem stammen sie? Was setzt der Schreiber dem Kritiker entgegen? Welche Sätze könnten geeignet sein, um dem inneren Kritiker zukünftig zu begegnen und seine Stimme mit der Zeit zu verändern? Wo entdecken Sie beim Kritiker ein Körnchen Wahrheit, das Sie nutzen könnten, um Ihren Text zu verbessern?

Das folgende Beispiel zeigt, wie eine Kundin von mir, die sich gerade in kürzeren Schreibeinheiten übt, zu einer selbstbewussten Haltung gegenüber ihrem inneren Kritiker fand.

Schreiber	Innerer Kritiker

Schreiber: Zehn Minuten habe ich noch zum Schreiben.

Innerer Kritiker: Tja, ist ja nicht viel rausgekommen, obwohl du schon eine halbe Stunde schreibst.

Schreiber: Immerhin habe ich was geschrieben, obwohl ich wenig Zeit hatte.

Innerer Kritiker: Ist ja noch völlig unzusammenhängend. Du schreibst einfach total chaotisch.

Schreiber: Erstmal, ja. Aber morgen bin ich dann einen wichtigen Schritt weiter.

Innerer Kritiker: Ach was! Da fängst du wieder von vorne an. Guck dir doch an, was da steht!

Schreiber: Hmm...

Innerer Kritiker: Lies lieber noch was zu dem Thema. Und mach weiter, wenn du ein paar Stunden Zeit am Stück hast. Die 10 Minuten machen den Kohl nu nicht mehr fett.

Schreiber: Jetzt reichts aber! Ich mache jetzt das, was ich mir vorgenommen habe und damit Schluss. 10 Minuten sind viel Zeit und die nutze ich.

Innerer Kritiker: Na dann mach halt. Ich bin bloß gespannt auf das Ergebnis.

Schreiber: Ich auch. Und es wird gut!

Und nun tritt noch der innere Mentor auf den Plan. Er kann das Schreiben motivierend begleiten und bestenfalls sogar einen fruchtbaren fiktiven Austausch ermöglichen.

Übung
Der innere Mentor **5 Minuten**

Entspannen Sie sich kurz mit einigen tiefen Atemzügen. Achten Sie darauf, was und wer Ihnen zu den folgenden Fragen einfällt:

- Wer unterstützt Sie beim Schreiben oder hat dies in der Vergangenheit getan? Wer liest Texte von Ihnen wohlwollend und kritisiert konstruktiv? Mit wem diskutieren Sie über Texte?

- Wen bewundern Sie? Wer ist für Sie ein Vorbild – beim Schreiben oder generell? Könnte sich diese Person als innerer Mentor eignen?

- Weiß dieser Mentor vielleicht einige bestärkende Sätze, die Sie dem inneren Kritiker entgegensetzen können?

Das Feedback

Feedback gehört zum Dehnungsprogramm wie das Schnellschreiben zu den Schreibsprints. Es baut eine Brücke zum realen Leser. Erst durch Feedback erfahren Sie, ob Ihr Text wirklich gut, verständlich und leserorientiert ist. Jedem Textprofi kann es passieren, dass er mit seinem Text danebenliegt – und sei es nur knapp. Aber auch wenn Sie richtig liegen, verbessert konstruktives Feedback Ihren Text: Vier Augen sehen mehr als zwei.

Doch der Feedbackprozess ist keine leichte Übung. Die meisten Menschen haben Angst davor, den eigenen Text kritisiert zu sehen: Sie empfinden das Geschriebene als Teil ihrer Person. Entsprechend gekränkt fühlt sich so mancher, wenn plötzlich die eigenen Gedanken gekürzt werden oder ganz rausfliegen sollen. Andere haben Angst vor den Konsequenzen einer weitreichenden Textkritik, weil sie eventuell noch deutlich mehr an einem Text arbeiten müssen, als sie es sich wünschen.

Wählen Sie Ihre Feedbackgeber sorgfältig aus. Es sollte keine störende Beziehungsverflechtung geben. Ungeeignet sind möglicherweise der eigene Partner oder der konkurrierende Kollege. Manchmal ist ein professionelles Feedback schon deshalb sicherer.

- Glätten Sie Ihren Rohtext so weit, dass Übergänge vorhanden sind und keine Lücken im Text auftauchen.

- Erklären Sie Ihrem Feedbackgeber vorher, in welchem Stadium sich Ihr Text befindet: Sonst könnte er durch einen Rohtext irritiert sein.

- Nennen Sie Ihrem Feedbackgeber vorher Ihre Fragen für das Feedback, am besten direkt in der Datei und gleich auf der ersten Seite oder an den entsprechenden Textstellen. Zum Beispiel: „Ist meine Argumentation auf Seite 2 nachvollziehbar? Wie findest du die Reihenfolge der Themen? Verstehst du, was meine zentrale Aussage sein soll?"

- Lassen Sie sich von Ihrem Feedbackgeber Ihren eigenen Text erklären: Was hat er verstanden? Welche Inhalte stellt er in den Vordergrund? Welche Punkte fehlen – vielleicht gerade die für Sie wichtigsten?

- Rechtfertigen Sie sich bei mündlichem Feedback nicht, sondern hören Sie einfach zu. Sonst nehmen Sie dem Feedbackgeber Zeit und den Wind aus den Segeln und verpassen ein ausführliches Feedback.

Kompakt: Distanz gewinnen

Mit dem Dehnungsprogramm lernen Sie, produktive Pausen einzulegen – und anschließend Texte zu optimieren.

Mit Mikropausen – kurze Pausen während einer Schreibeinheit – regenerieren Sie Kopf und Körper. Mit Bewegung und Minischlaf pausieren Sie in jedem Fall effektiv.

In den Makropausen lassen Sie Ihren Text für einige Stunden, besser für einige Tage ruhen. So gewinnen Sie Distanz und Kritikfähigkeit.

Der Dialog mit dem inneren Kritiker und dem inneren Mentor hilft Ihnen, geistig frei und produktiv zu bleiben.

Durch das Feedback von Außenstehenden erhalten Sie neue Sichtweisen.

Ihre Entstehung verdanken die Meisterwerke dem Genie, ihre Vollendung dem Fleiß.

Joseph Joubert, französischer Moralist

Schreiben heißt umschreiben.

Stefanie Haacke, Schreibdidaktikerin

Der Endspurt: Sie mobilisieren zum letzten Mal alle Schreibkräfte, die Sie zur Verfügung haben. Der Blick auf Kalender oder Uhr sagt Ihnen, wie viel Zeit Ihnen noch zur Verfügung steht, um schließlich mit einem gelungenen Werk über die Ziellinie zu spurten – und Ihren ganz persönlichen Sieg davonzutragen.

In dieser sechsten und siebten Phase im Schreibprozess überarbeiten und veröffentlichen Sie Ihre Endfassung oder gehen in eine neue Runde – zum Beispiel für das nächste Kapitel Ihres Textes. Für die Endfassung walken Sie Ihren Text wie einen Teig nochmals kräftig durch, zupfen hier ein Stück ab, kleben dort ein Stück Teigbatzen an und kneten und formen ihn. Der innere Kritiker kann beim Endspurt noch einmal ziemlich laut werden. Und das ist gut so. Hier gehört er hin, mit seinem kritischen Auge. Sie prüfen Ihren Text streng, verdichten, glätten strukturelle Unebenheiten, reichern ihn mit weiteren Ideen, Beispielen oder Zitaten an und bringen Anschaulichkeit und Farbe hinein. Ihr Text wird kompakter, durchdachter und gehaltvoller. Bis er die richtige Konsistenz hat: Dann ist er stimmig. Und das spüren, sehen und hören Sie.

Erinnern Sie sich an die Schreibstreckenplanung beim Aufwärmen? Die Überarbeitungsphase wurde dort mit 35 Prozent der gesamten Schreibzeit veranschlagt. Eine ausgereifte Endfassung summiert die jeweiligen Perspektiven und Denkansätze, die während verschiedener Schreibeinheiten vorherrschten. Denn kaum jemand kann zu einem einzigen Zeitpunkt an alle Aspekte gleichzeitig denken, geschweige denn sie in seinem Text unterbringen. Ergänzt um neue Gedanken und die Hinweise des Feedbackgebers, reift der Text erst aus, wenn alle Teilperspektiven beim Überarbeiten integriert worden sind. Als Faustregel gilt: Prägnante, gehaltvolle und leserorientierte Texte benötigen drei bis vier Überarbeitungsdurchgänge. Mindestens. So ist der Endspurt eine Phase, die neben Kritikfähigkeit und dem Blick fürs Detail auch Fleiß und Disziplin von Ihnen verlangt, ganz im Sinne des französischen Moralisten Joseph Joubert: „Ihre Entstehung verdanken die Meisterwerke dem Genie, ihre Vollendung dem Fleiß."

Hintergrund: Zeit für den Endspurt – die Vorteile

Wenn Sie für den Endspurt mehr als ein Drittel der gesamten Schreibzeit einplanen, gewinnen Sie vierfach. Erstens: Durch frühe Fristen für die Fertigstellung des Rohtextes motivieren Sie sich früh zum Losschreiben. Zweitens: Sie erlauben sich beim Rohtexten einen freien Schreib- und Gedankenfluss, weil Sie wissen, dass Sie für Satzbau, korrekte Grammatik und andere Feinheiten später genug Zeit haben. Drittens können Sie beim Überarbeiten auch weitreichend ändern und in die Struktur und den Inhalt eingreifen. Wer das Schreiben lange aufschiebt, hat genau dafür keine Zeit mehr. Und viertens haben Sie noch Zeit, die Veröffentlichung Ihres Textes angemessen anzukündigen: Sie weisen Kollegen, Kunden und andere Interessierte auf Ihren Text hin und bringen ihn – und sich – dadurch erst groß heraus.

In dieser Trainingseinheit lernen Sie, wie Sie mit mehreren Überarbeitungsdurchgängen einen erstklassigen Text erschaffen. Sie prüfen schrittweise Gesamteindruck, Inhalt, Textstruktur und Stil. So gelangen Sie auch zu einer sicheren Einschätzung, ob Ihr Text fertig ist.

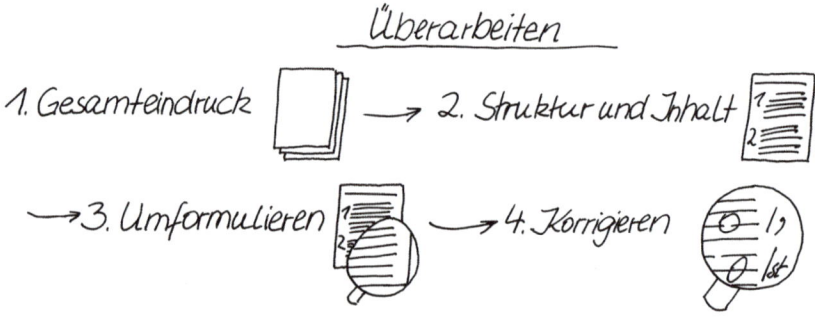

Ein wichtiger Hinweis für den Endspurt vorweg: Lesen Sie Ihren Text unbedingt irgendwann auf Papier. Ich verspreche Ihnen, dass Sie anderes wahrnehmen als am Bildschirm.

So überarbeiten Sie Ihren Text als Ganzes

Im ersten Überarbeitungsschritt geht es um eine Gesamtschau des Textes. Widerstehen Sie dabei zwei Versuchungen. Erstens: den Text am Bildschirm zu lesen. Zweitens: im Detail zu überarbeiten, etwa bei Satzbau, Wortwahl und Rechtschreibung. Stattdessen achten Sie nur auf eines: Wie wirkt der Text auf Sie als Ganzes? Welchen Eindruck hinterlässt er in Ihren Gedanken und in Ihrem Gefühl, nachdem Sie ihn gelesen haben? Welche ersten Impulse für Veränderungen bei Inhalt und Struktur registrieren Sie?

- Lassen Sie sich Ihren Text fremd werden: Drucken Sie ihn mit einem veränderten Zeilenabstand, anderem Schrifttyp und mit ca. sechs Zentimeter rechtem Rand aus.

- Wechseln Sie Ihren Standpunkt: Gehen Sie mit Ihrem Text an einen Ort, der nicht Ihr Schreibort ist.

- Verschaffen Sie sich jetzt einen Gesamteindruck, um intuitiv Hinweise für Textstellen mit Überarbeitungsbedarf zu bekommen: Lesen Sie Ihren Text in gleichmäßig schnellem Lesetempo durch.

- Entspannen Sie sich nach dem Lesen und schließen Sie kurz die Augen: Welche Gedanken gehen Ihnen zu Ihrem Text durch den Kopf? Welche Gefühle nehmen Sie wahr? Wie fühlen Sie sich als Leser angesprochen? Wo sehen Sie vor Ihrem inneren Auge Bereiche, die überarbeitet werden müssen? Wo wirkt der Text bereits ausgereift?

- Schreiben Sie ein paar Sätze zu dem, was Ihnen aufgefallen ist, zum Beispiel: „Alles etwas langatmig", „Der Schluss ist noch zu schwach" oder „Punkt 4 ist super".

- Markieren Sie am Rand, was Sie sich gerade vor Augen geführt haben: Textstellen, die wegfallen können, die überarbeitungswürdig sind, die an eine andere Stelle gehören und solche, die besonders gut gelungen sind.

- Arbeiten Sie Ihre Hinweise am Computer in Ihren Text ein.

So überprüfen Sie Struktur und Inhalt

Möglicherweise merken Sie während des ersten Überarbeitungsdurchgangs, dass der innere Zusammenhang des Textes noch nicht schlüssig ist. Das ist ganz normal, denn die Textidee verändert sich beim Schreiben. Überprüfen Sie dann Struktur und Inhalt in einem zweiten Überarbeitungsdurchgang noch einmal extra. Mit einem der besten Prüfwerkzeuge dafür: dem Rückstrukturieren. Sie registrieren die Struktur, als wären Sie ein Leser, der Ihren Text zum ersten Mal liest. Zugleich können Sie in Ihrer Rolle als Autor die herausgelesene Struktur mit Ihrer vorher geplanten vergleichen.

- Drucken Sie Ihren Text wieder in verändertem Format aus und nehmen Sie Textmarker, leeres Papier und verschiedenfarbige Stifte zur Hand.

- Wechseln Sie wieder den Ort. Schlüpfen Sie in Ihrer Vorstellung in die Rolle eines Lesers, der vor allem den Textaufbau verstehen will.

- Bilden Sie während des Lesens die Struktur Ihres Textes ab, zum Beispiel mit einer handschriftlichen Lese-Mindmap: Sie notieren genau das, was Sie im Text gerade lesen – nicht aber, was Sie vorher geplant hatten. Verwenden Sie dabei zwei Stiftfarben, zum Beispiel Blau für Strukturelemente und Grün für dazugehörige Inhalte. Wenn Ihnen fehlende Punkte auffallen, vermerken Sie diese.

- Danach prüfen Sie: Ist die Reihenfolge so wirklich am besten? Würde der Leser Ihre Struktur auf den ersten Blick erkennen? Sieht er Ihre Schwerpunkte? Wo ist eventuell ein Aspekt verloren gegangen?

So formulieren Sie Ihre Texte um

Im dritten Überarbeitungsdurchgang kürzen Sie ausufernde und ergänzen karge Stellen, sodass der Text einen einheitlichen Fluss erhält. Machen Sie sich beim Kürzen die Haltung von George Orwell zu eigen: „Wenn es möglich ist, ein Wort zu streichen – streiche es!" Ähnlich wie der Schriftsteller und Lektor Sol Stein „Eins plus eins ist einhalb" rechnet, denn ein zweites Adjektiv etwa schwächt die Wirkung des ersten oft ab. Lesen Sie sich Ihren Text laut vor, dann merken Sie, wo Sie als Leser nicht genug geführt werden und können Überleitungen und Erläuterungen einfügen. Anschließend prüfen Sie die Textverständlichkeit, zuerst mit dem Grundsatz des Schriftstellers Jean Paul: „Die Probe der Güte ist, dass der Leser nicht zurückzulesen hat." Bitten Sie auch Ihre Feedbackgeber zu notieren, wo sie zweimal lesen mussten. Darüber hinaus gibt es differenzierte Kriterien für Textverständlichkeit. Die Psychologen Langer, Schulz von Thun und Tausch haben vier Kriterien für Textverständlichkeit identifiziert, die einfach und wirksam zugleich sind und sich beim Überarbeiten von Texten gut anwenden lassen:

Die vier Verständlichmacher	
Kriterium	**Hinweise**
Einfachheit bei Wortwahl und Satzbau sollte stark ausgeprägt sein, denn • komplizierte Wörter und Satzbau mindern die Konzentration des Lesers, • der Leser muss zurücklesen, verliert dadurch leichter den roten Faden und das Interesse.	• Bevorzugen Sie anschauliche, konkrete, geläufige und kurze Wörter. • Vermeiden Sie Fachjargon und Fremdwörter. • Schreiben Sie im Aktiv (*Es wird geprüft* → *Die Behörde prüft*). • Formulieren Sie positiv (*nicht falsch* → *korrekt*). • Verwenden Sie überwiegend Hauptsätze. • Hängen Sie Nebensätze an, statt Sie als Schachtelsätze einzuschieben. • Verwenden Sie möglichst Verben statt Nomen: (*Prüfung* → *prüfen*).
Gliederung und Ordnung sollten stark ausgeprägt sein, denn • je besser geordnet, desto besser verständlich ist der Text für die Leser.	Mit der Übung „Inhalts- und Strukturcheck" in diesem Kapitel überprüfen Sie Ihre Gliederung ein letztes Mal. Siehe auch die Kapitel „Ich schreib einfach drauflos …" und „Zirkeltraining".
Kürze und Prägnanz sollten mäßig ausgeprägt sein, denn • bei zu knappen, gedrängten Texten kann der Leser nicht mehr folgen, • bei zu weitschweifigen Texten verliert der Leser den roten Faden.	• Prüfen Sie jedes Wort: Ist es notwendig und sinnvoll? Zum Beispiel überflüssige Adjektive: *aktive Mitarbeit, konkrete Maßnahmen, feste Überzeugung.* • Setzen Sie Füllwörter nur selten und gezielt ein: *bekanntlich, durchaus, gänzlich, offensichtlich, sicherlich, vergleichsweise, vielfach.* • Verwenden Sie einleitende Formulierungen (Vorreiter) nur gezielt: *Es ist offensichtlich, dass …* • Prüfen Sie die Satzlänge: Bis 13 Wörter: sehr leicht verständlich 14–19 Wörter: leicht verständlich 20–25 Wörter: verständlich 26–34 Wörter: schwer verständlich ab 35 Wörter: sehr schwer verständlich.
Anregende Zusätze sollten mäßig ausgeprägt sein, denn • der Einsatz hängt besonders stark von der Textsorte ab, • sonst verwirren Sie Ihre Leser oder lenken gar vom Inhalt ab.	• Stellen Sie Fragen zum Mitdenken, die erst später beantwortet werden. • Steigern Sie Argumente zu einem Höhepunkt. • Machen Sie durch visuelle Elemente neugierig. • Führen Sie Beispiele und Vergleiche an. • Lockern Sie mit wörtlicher Rede, Metaphern und Anekdoten auf oder indem Sie Menschen auftreten lassen und die Leser direkt ansprechen.

Auf Papier sieht man mehr als auf dem Bildschirm. Auch Lektoren im Verlag lesen auf Papier. Wichtige Texte sollten Sie für die Endkorrektur an eine andere Person geben. Denn sogar Orthografiespezialisten sehen ihre eigenen Rechtschreibfehler oft nicht. Der Grund ist, dass der Text dem Auge so vertraut geworden ist, dass Fehler weniger ins Auge springen als bei fremden Texten. Eine einwandfreie Rechtschreibung ist sehr wichtig, weil jeder Rechtschreibfehler den guten Eindruck von Text und Autor deutlich mindert: Fehler wirken unprofessionell, nachlässig und unaufmerksam. Das kann der Leser sogar als Geringschätzung empfinden. Oft ziehen Leser auch Rückschlüsse von der Rechtschreibkompetenz auf die Fachkompetenz.

Ihr Text ist fertig, wenn Sie das entsprechende Gefühl dabei haben: Wenn Sie kaum noch Änderungen beim Durchlesen vornehmen, wenn Ihnen vormals komplizierte Sachverhalte banal erscheinen, wenn Sie Ihren Text innerlich als abgerundetes Gesamtwerk wahrnehmen. Oft wird eine Abgabefrist dafür sorgen, dass Sie nicht bis zu diesem Gefühl gelangen. Doch je mehr Sie Ihren Perfektionismus ausbremsen lernen und je besser Sie Ihre Zeitplanung auf eine längere Überarbeitungsphase hin ausrichten, desto öfter erreichen Sie dieses befriedigende Gefühl.

Wenn Sie Ihren Text schließlich veröffentlichen, so zeigen Sie Ihr Werk stolz vor – auch, indem Sie es in einem passenden Medium veröffentlichen. Sei es in der ansprechend gestalteten Broschüre, sei es im Intranet oder in einer Online- oder Printpublikation. Tun Sie so viel wie möglich dafür, Ihren Text unter die Leser zu bringen. Werben Sie für Ihren Text, informieren Sie über die wichtigsten Inhalte, wecken Sie Interesse und Neugier. Erst dadurch wird Ihre gute Arbeit auch bekannt. Und: Freuen Sie sich daran, dass Sie einen guten Text geschrieben haben!

Kompakt: Das Beste geben

- Planen Sie genug Zeit für den Endspurt, sonst fehlt auf den letzten Metern die Puste für einen wirklich erstklassigen Text.
- Gehen Sie beim Überarbeiten in mehreren Durchgängen vor: erst die Gesamtschau, später die Details.
- Verändern Sie schon für den ersten Durchgang Formatierung und Leseort und lesen Sie auf Papier.
- Überarbeiten Sie eine unklare Struktur durch Rückstrukturieren.
- Ergänzen Sie leserfreundlich. Kürzen Sie streng.
- Prüfen Sie, ob Sie zurücklesen müssen, um alles zu verstehen. Wenden Sie die vier Kriterien für verständliche Texte an: Einfachheit, Gliederung, Kürze und anregende Zusätze.
- Veröffentlichen Sie Ihren Text in einem passenden Medium, seien Sie stolz und planen Sie Zeit ein, um Leser zu werben.

„Nun", antwortete der Pelikan bereitwillig, „man begreift es am besten, indem man es macht."

Lewis Carroll, Alice im Wunderland

Herzlichen Glückwunsch: Sie haben die Trainingseinheiten abgeschlossen und jede Menge neuer Schreibmethoden kennengelernt – die ideale Basis, um sich Ihren persönlichen Trainingsplan zusammenzustellen und das Gelernte im Berufsalltag zu verankern.

Haben Sie schon einmal vom Runner's High gehört, diesem schwerelosen und glücklichen Zustand, in dem trainierte Läufer mit einem entrückten Lächeln auf den Lippen vorbeijoggen? Den Runner's High erlebt niemand beim ersten Lauf, auch nicht beim dritten. Trainieren Sie mit Ihrem persönlichen Trainingsplan, bis Sie einen Writer's High erleben.

Das Schreibtraining planen mit der Übersicht

Auf den folgenden Seiten sehen Sie auf einen Blick alle Schreibfitnessübungen aus diesem Buch. Sie erinnern sich mit dieser Übersicht leichter, welche Übungen Ihnen gut gefallen haben, und können Ihre Favoriten auswählen.

Übung
Meine Favoriten **10 Minuten**

- Nehmen Sie einen Stift oder drei Farbstifte zur Hand und bewerten Sie in der Übungsübersicht mit Farben – zum Beispiel Gelb, Grün, Blau – oder mit Zahlen, welche Übungen Ihre Favoriten sind. Markieren Sie bei Bedarf auch doppelt:

- Gelb oder 1: Diese Übung hat mir gefallen.

- Grün oder 2: Diese Übung hilft mir bei konkreten Schreibprojekten weiter.

- Blau oder 3: Diese Übung würde ich gerne häufig oder täglich durchführen, auch ohne konkretes Schreibprojekt.

1. Trainingseinheit: Fitness-Check

Das eigene Schreibverhalten kennenlernen (Schreibphase 1: Einstimmen)

	Mein Schreibverhalten 10 Minuten	Welcher Schreibtyp bin ich? 5 Minuten	Mein Schreibprozess 15 Minuten
Was und wie?	Mit einem Fragebogen eigenes Schreibverhalten bewusst machen und die Schreibmotivation verbessern	Sich selbst Schreibtypen zuordnen – Drauflosschreiber oder Planer	Das Schreibprozessmodell kennenlernen und den eigenen Schreibprozess reflektieren
Warum und wozu?	Eigenes Schreibverhalten und Motivation reflektieren	Sinnvolle Schreibstrategien reflektieren, neue integrieren	Beim Schreiben bewusster vorgehen, Schwachstellen erkennen

2. Trainingseinheit: Schreibausrüstung

Für gutes Schreiben ausrüsten (Schreibphase 1: Einstimmen)

	Schreibausrüstung zusammenstellen
Was und wie?	Papier und Stift, Diktiergerät, Computer und Software, Körperhaltung und Sitzmöbel bewusst auswählen und einsetzen, Trinken, Essen, Schreiborte, Musik und Licht einsetzen, Zeit im Blick behalten
Warum und wozu?	Durch Schreibmedien unterschiedliche Aspekte des Schreibens fördern – mit jeweils anderen Ergebnissen; besser denken, fit und gesund bleiben; Schreiborte als Inspirationsquelle nutzen, genug Zeit für jede Schreibphase planen

3. Trainingseinheit: Aufwärmen

Auf das Schreiben vorbereiten und einstimmen (Schreibphase 1: Einstimmen)

	Schreibrituale testen je 2 Minuten	Schreibstrecken-planung 10 Minuten	Innere Bilder 5 + 5 Minuten	Lesereinstim-mung 5 + 5 Minuten
Was und wie?	Schreibausrüstung u. a. einsetzen und testen	Durch Aufteilung in Phasen die Schreibzeiten planen	Innere Bilder oder Sätze zum Schreibthema, -prozess und -erfolg entwickeln und dokumentieren	Leserinteressen visualisieren und Erkenntnisse aus-werten
Warum und wozu?	Produktives Schrei-ben konditionieren	Zeit besser ein-schätzen, früh schreiben mit genug Zeit für die späteren Schreib-phasen	Das Unbewusste nutzen und sich fokussieren	Interessen der Le-ser vorab erfahren, Tonfall, Aufbau und Textlänge leserori-entiert einschätzen

4. Trainingseinheit: Schreibsprints

Schnell und leicht schreibdenken (Schreibphase 2: Ideen entwickeln)

	Gedankensprint 5 Minuten	Wortsprint 5 Minuten	Cluster 5 Minuten
Was und wie?	Schnell und assoziativ das Denken in vollständi-gen Sätzen aufschreiben	Schnell und assoziativ in Stichworten schreib-denken	Gedankennetz: Kernwort in der Mitte + Assozia-tionsketten bilden
Warum und wozu?	Denken bewusst machen und weiterentwickeln, Schreiben starten und sich lockern	Niedrigschwellig in ein neues Thema einsteigen	Mehr Gehirnleistung nutzen, Ideen sammeln

5. Trainingseinheit: Schreibmuskelaufbau

Gedanken vertiefen und auf den Punkt bringen (Schreibphase 2: Ideen entwickeln)

	Fokussprint 5 Minuten	Schreibstaffel 15 Minuten	Denkskizze 10 Minuten	Verdichtung 3 Minuten
Was und wie?	Themenfokussiert schreibdenken: Themenüberschrift + assoziatives Schreibdenken zur Überschrift + Kernsatz	Drei Fokussprints hintereinander, Kernsatz jeweils als neue Überschrift verwenden	Text-Bild-Kombination: Inneres Bild des Themas zeichnen/kritzeln und durch Wörter/Sätze ergänzen	Kern des Themas in vorgegebener Wort- oder Silbenzählung verdichten
Warum und wozu?	Themenfokussiert denken (lernen), fokussiertes Schreiben starten, eigenes Wissen abrufen	Gedanken fokussieren und vertiefen, ferner liegende Ideen aktivieren, auf den Punkt kommen	Bildhaftes und sprachliches Denken verknüpfen, Gehirnleistung voll nutzen, Schreibthema besser verstehen	Verdichten, auf den Punkt bringen, Ideen für Überschriften finden, neue Formulierungsideen entwickeln

6. Trainingseinheit: Aufschieberitis-Spezialprogramm

Schreibvermeidung angehen, Schreiblust entwickeln (Schreibphase 1: Einstimmen)

	Flow erkennen 3 Tage à 5 Minuten	Schreibreflex 5 Minuten täglich	Gefühle verstehen 15 Minuten
Was und wie?	Flowzustand erkennen und fördern	Schreibreflex entwickeln; beste Schreibzeit herausfinden	Eigene Gefühle zum Schreiben ergründen und Schreiben reflektieren
Warum und wozu?	Positive Aspekte des Schreibens kennen und verstärken, durch Schreiblust besser schreiben	Durch kontinuierliches Schreiben Motivationsprobleme lösen	Gefühle zum Schreiben bewusst machen, Hintergründe und Lösungsansätze finden

7. Trainingseinheit: Zirkeltraining

Strukturiert schreiben und den Überblick bewahren (Schreibphase 3: Strukturieren)

	Mindmapping 10 Minuten	Roter Faden 20 Minuten	Textpfad 10 Minuten
Was und wie?	Kernwort und weitere Schlüsselwörter hierarchisch gliedern und im Uhrzeigersinn anordnen	Gliederung ausformulieren: 2-3 Sätze pro Überschrift zügig und intuitiv formulieren	Feinstruktur für jeden Abschnitt planen, untereinander linear anordnen
Warum und wozu?	Volle Gehirnleistung nutzen, einfallsreich gliedern, Überblick gewinnen, leichter verschieben und ändern	Die Brücke von der Gliederung zum Rohtext bauen, das Gefühl „schon etwas zu haben" erleben	Das Denken und Schreiben disziplinieren, dem Abschweifen vorbeugen

8. Trainingseinheit: Schreibausdauertraining

Rohtexte flüssig voranschreiben (Schreibphase 4: Rohtexten)

	Mehrstimmiger Testlauf 15 Minuten – steigern	Träume nutzen je 5 Minuten	Schreibsessions I-III 12–30 Minuten
Was und wie?	Eine Schreibeinheit ohne Überarbeitungen durchlaufen, innere Stimmen mitschreiben	Abends Fragen zum Thema stellen – Unbewusstes im Traum arbeiten lassen – morgens abrufen	Schreibübungen kombinieren
Warum und wozu?	Schritt zum Schreiben für die Öffentlichkeit erleichtern, Schreiben ohne Druck	Unbewusstes als Ideenquelle erschließen, intuitives Schreiben stärken	Themen in einer Schreibsession weiterentwickeln

9. Trainingseinheit: Dehnungsprogramm

Mit Pausen Distanz zum Text gewinnen und sich erholen (Schreibphase 5: Reflektieren)

	Welcher Pausentyp bin ich? 5 Minuten	Kleines Dehnungs- programm 3 Minuten	Minischlaf 15 Minuten – täglich	Der innere Kritiker 10 Minuten	Der innere Mentor 5 Minuten	Feedback
Was und wie?	Bestes Pau- senverhalten herausfin- den	Bean- spruchte Muskulatur dehnen	Ca. 15 Minuten während der Mittagszeit schlafen oder tief entspannen	Gespräch zwischen Schreiber und Kritiker aufschrei- ben	Unterstüt- zenden inneren Begleiter finden	Feedback- partner auswählen, Feedback- prozess optimieren
Warum und wozu?	Pausen als Kraftquelle nutzen	Durch Bewegung regenerieren und flexibler denken	Arbeitspro- duktivität erhöht sich um bis zu 20 Prozent	Selbstab- wertung bewusst machen und verändern	Stärkung durch fikti- ves Gegen- über	Effektiver überarbeiten

10. Trainingseinheit: Schreibendspurt

Überarbeiten für stilsichere und verständliche Texte (Schreibphasen 6 und 7: Überarbeiten und Veröffentlichen)

	Textgesamteindruck	Inhalts- und Struk- turcheck	Umformulieren und abschließen
Was und wie?	Text neu formatiert ausdrucken, an neuem Ort als Gesamteindruck wirken lassen	Struktur und Inhalt rekon- struieren, mit der Planung vergleichen	Kürzen, ergänzen, Textverständlichkeit prüfen, vier Kriterien der Textverständlichkeit anwenden
Warum und wozu?	Intuitiv Überarbeitungs- ansätze finden, Leserper- spektive einnehmen	Schlüssigen Aufbau und Inhalt prüfen und anpassen	Das richtige Maß finden, Lesern Verständnis ermöglichen

Nun können Sie sich Ihren persönlichen Trainingsplan zusammenstellen.

Der Schreibtrainingsplan

Ein Schreibtrainingsplan hilft Ihnen dabei, entsprechend Ihrem Zeitbudget, Ihren Vorlieben und Ihrer beruflichen Situation Ihr persönliches Training zu planen. Entwickeln Sie eine Lernroute: Welche Übungen wollen Sie zukünftig für Ihre beruflichen Schreibprojekte nutzen? Ein Schreibprojekt – das kann der bevorstehende Projektbericht sein, das können aber auch die täglichen E-Mails sein. Ihre Zusammenstellung im Schreibtrainingsplan sollte Buffetcharakter haben: Bedienen Sie sich nach Appetit und je nachdem, was Sie nach dem Lesen und Ausprobieren der Übungen am stärksten anspricht.

Ihre Favoriten testen Sie entweder anhand eines konkreten Schreibprojektes – Learning by Doing: Sie merken dann schnell, was Sie weiterbringt oder wie Sie alternativ vorgehen können. Oder Sie trainieren kontinuierlich mit Ihren täglichen Schreibaufgaben: Dann probieren Sie im Lauf der Zeit ganz unterschiedliche Schreibstrategien aus und finden durch den Vergleich noch mehr darüber heraus, was für Sie das Beste ist. Die dritte Alternative: Sie haben vielleicht gerade keine Schreibprojekte, auf die Sie die Übungen anwenden möchten. Dann könnten Sie zum Beispiel Ihre eigenen Gefühle reflektieren oder sich ein kleines Schreibprojekt ausdenken, bei dem Sie täglich fünf Minuten schreibend reflektieren. Und so eine neue Art des Denkens einüben.

Tipp
Passende Übungen finden

Fragen Sie sich vor dem Planen immer, was für eine Art von Schreibprojekt Sie vor sich haben und welche Übungen dafür gut passen. Sind etwa die Inhalte noch nicht klar, dann planen Sie mehrere Übungen aus den Trainingseinheiten 4 und 5 ein. Bei fehlender Struktur verwenden Sie die Übungen aus Trainingseinheit 7. Schätzen Sie auch ein, wie gut der Text werden muss und wie viel Zeit Sie dafür haben.

Planen Sie also Ihre persönliche Trainingsstrecke mithilfe des Schreibtrainingsplans. Ein leeres Formular können Sie sich von meiner Website herunterladen und an Ihre Bedürfnisse anpassen. Sie schreiben bei der Trainingsplanung für jede Phase des Schreibprozesses ein bis zwei Übungen in die zweite Spalte. Einer meiner Favoriten für kurze Texte ist zum Beispiel: 1. Innere Bilder – 2. Fokussprint – 3. Textpfad – 4. Mehrstimmiger Testlauf – 5. Der innere Mentor – 6. Umformulieren und abschließen. Die folgenden Spalten heben Sie sich für die spätere Auswertung auf. Und so könnte ein ausgefüllter Schreibtrainingsplan für ein Schreibprojekt aussehen:

Schreibtrainingsplan
Übungen planen und auswerten

Schreibprojekt: Zwischenbericht für P.   **Beschreibung:** Wenig Lust, noch keine Notizen

Textqualität: mittel, nicht perfekt   **Schreibstrecke:** 1 Woche, 12 Seiten → 10 Stunden

Mein Ziel: Kürzer/prägnanter schreiben   **Bemerkungen:** Viel Stress/wenig Zeit in der Woche

Trainings-einheiten	Übungen	Schreiben gelang +++ bis ---	Gründe für Gelingen oder Nicht-Gelingen	Konsequenzen für weitere Schreibprojekte
Schreib-ausrüstung	Notizbuch, neuer Füller	+++	+ anderer Schreibort, hat Spaß gemacht	öfter so schreiben
Aufwärmen	Schreibstrecke planen, innere Bilder	+ / --	zu unkonzentriert	immer vorher. Nachmittags schreiben?
Schreibsprints	Wortsprint	+++	simpel, schnell, super!	immer vorher
Schreibmuskel-aufbau	Fokussprint, Schreibstaffel	++++ / nicht gemacht	macht Spaß. Dauer zu lange	immer vorher. Wenn ich mehr Zeit habe
Aufschieberitis-Spezialprogramm	Schreibflow	+ (+)	nicht immer drauf geachtet	allgemein auf Flow achten
Zirkeltraining	Mindmap, Textpfad	++ / +	macht Spaß (zu hohe Kleberleistung)	Software ausschalten für wichtige Texte
Schreibausdauer-training	Mehrstimmig	+++	gut: unzensiert schreiben	
Dehnungs-programm	Feedback Sabrah	--	Sie hat nur Formales korrigiert!	besser vorher absprechen, jemand anders
Endspurt	Kürzen	+++	hatte genug Zeit dafür	immer Schreibstrecke planen

Als Variante zum Schreibtrainingsplan können Sie Übungen für mehrere Wochen planen. Dafür finden Sie ebenfalls auf meiner Website ein Formular: den Sechs-Wochen-Trainingsplan. So probieren Sie in jeder Woche eine andere Übungskombination Ihrer Favoriten aus und steigern Ihre Schreibkompetenz kontinuierlich. Zum Beispiel schreiben Sie in einer Woche täglich einen Fokussprint und probieren an vier Tagen jeweils eine weitere Übung aus – vielleicht eine Schreibstaffel, eine Denkskizze, einen mehrstimmigen Testlauf und einen Dialog mit dem inneren Kritiker.

Danach: Die Trainingsauswertung

Die Trainingsauswertung ist der – oft genug vernachlässigte – Trainingsschritt, der neu Gelerntes erst verankert und entscheidende Impulse zur Weiterentwicklung geben kann. Sie können auf zwei Arten auswerten: Entweder in Ihren persönlichen Schreibtrainingsplänen – Markieren Sie Ihre wichtigsten Erkenntnisse und erinnern Sie sich immer wieder daran, Konsequenzen im Alltag umzusetzen. Oder Sie reflektieren Ihre neu gelernten Strategien in Hinblick auf ihr weiteres Potenzial und ihre Alltagstauglichkeit mit der folgenden – letzten – Übung:

Übung

Neue Schreibstrategien prüfen

10 Minuten

- Wie hat sich mein Schreiben eventuell durch das Trainingsprogramm verändert?

  (Zum Beispiel: Schreiben macht wieder mehr Spaß, ich schreibe entspannter, letzte Woche ein Lob von meinem Chef.)

- Was hat diese Veränderungen ausgelöst?

  (Zum Beispiel: Ich notiere vor jeder Schreibeinheit fünf Minuten Stichpunkte, ich trenne jetzt das Rohtexten streng vom Überarbeiten.)

- Was möchte ich verändern – und wie?

  (Zum Beispiel: ablenkungsfrei schreiben – frühmorgens schreiben, Schreiben sollte noch schneller gehen – disziplinierter strukturieren.)

- Was hindert Sie daran, neue Schreibstrategien im Arbeitsalltag beizubehalten?

  (Zum Beispiel: Ich denke im Stress einfach nicht daran.)

- Wie können Sie diese Hindernisse beseitigen und die neuen Strategien weiter etablieren?

  (Zum Beispiel: Atemtechniken anwenden, Erinnerungszettel aufhängen.)

Erinnern Sie sich noch an Christian Krings aus dem zweiten Kapitel? Den Finanzmanager, der Fachartikel und ein Fachbuch schreiben wollte und dabei mit Aufschieberitis und Perfektionismus kämpfte? Er hat inzwischen mehrere Fachartikel veröffentlicht und ist zum Experten in der Finanzbranche avanciert. Er schreibt sein Buch – unter Vertrag bei einem renommierten Verlag. Er kennt seinen beruflichen Wert. Er wirkt gefestigt. Und auch im wörtlichen Sinn bedeutet das Schreiben für seine berufliche Laufbahn Gold: Heute ist er leitender Angestellter. Alles die Folge des Schreibens? Er meint: Ja. Christian Krings hat das Schreiben doppelt zu nutzen gelernt, im beruflichen wie im privaten Bereich. Er publiziert und macht dadurch Karriere. Er schreibt aber auch für sich selbst, reflektiert seine Fachthemen ebenso wie sein Verhalten, seine Gefühle und Pläne und entwickelt sich dadurch persönlich weiter. Über Prestige und materiellen Wohlstand hinaus hat er sich dafür entschieden, auch persönlich zu gewinnen und ist darüber erst recht glücklich: Seine Arbeit macht ihm mehr Spaß, gibt ihm mehr Sinn, und er arbeitet trotz hoher Anforderungen immer entspannter.

Auch ich hatte in den zurückliegenden Monaten Glück: Ich durfte dieses Buch schreiben. Ich konnte mir Zeit nehmen, das Thema meiner Berufstätigkeit schreibend durchzuarbeiten und in diesem Prozess neue fachliche und persönliche Erkenntnisse zu gewinnen. Ich erfuhr Schreiben und

Erleben dabei als Einheit: Ich schreibe über das, was ich lebe – und ich lebe das, worüber ich schreibe. So nutzte ich zum Beispiel meine eigenen Schreibmethoden so konsequent wie nie: Man sah mich murmelnd mit meinem Diktiergerät in der Hand. Auf meinem Bildschirm wuchs und wandelte sich eine große Mindmap. Innere Bilder formten sich in meinem Kopf. Zwei dicke Notizbücher füllten sich während der Monate des Schreibens, und die Bettdecke bekam blaue Tintenflecke. Beinah täglich schlüpfte ich plötzlich in meine Laufschuhe und lief meine Runde im Park – seit ich an meinem Schreib*fitness*programm schrieb. Nur einige Beispiele gelebten Schreibens.

So ist Schreiben auch für mich Gold, denn ich wurde dadurch

- inspirierter: Während des Schreibens entdeckte ich weitere Wege, um Schreibende zu unterstützen. Ich steckte sie mit meiner Schreibfreude an. Und zugleich waren meine Kunden eine wichtige Bereicherung für mein Buch.

- handlungssicherer: In der Rolle der Schreibenden habe ich wieder neu und sehr wach alle Phasen des Schreibprozesses durchlebt. Diese Erfahrung fließt als echtes Verstehen in die Arbeit mit meinen Kunden ein. Ich erkenne das Wesentliche noch direkter. Ich wohne in meinem Thema, es fühlt sich ausgewachsen, rund und stimmig an.

- sinnerfüllter: Ich weiß, dass mein ganzheitliches Schreibcoaching dazu anregen kann, Wissen zu teilen. Es kann Zukunftswege klären und Karrieren verändern, Menschen beflügeln und ihnen durch das Schreiben Zufriedenheit geben. Ich brauche nur an Christian Krings und viele andere zu denken. Das macht zufrieden.

- kreativer: Ich war über Monate in üppiger Schaffenslaune. Das wirkte sich auf alle Lebensbereiche aus. Von der ungewöhnlichen Workshopvorbereitung über die Biografieaufzeichnungen meiner Großmütter bis hin zu Geschichten, die ich für meinen Sohn schrieb und zeichnete.

- erfolgreicher: Seit ich an meinem Buch schreibe, kommt noch mehr Bewegung in meinen Job. Spannende Kooperationen entwickeln sich, interessante Menschen fragen an und gute Coaching- und Seminaraufträge mehren sich, ohne dass ich dafür akquirieren musste.

Ich kann es nur so erklären: Meine intensive Beschäftigung mit der Thematik des Schreibens zog und zieht Interessierte und Kunden förmlich zu mir.

- glücklicher: Schreiben bedeutet für mich auch, mich immer präziser auf den Zukunftsweg hin auszurichten, auf dem die eigene Entwicklung weitergehen soll. So fühle und sehe ich jetzt noch deutlicher, wohin mein berufliches Streben geht. Ein Gefühl von Aufbruch.

Egal, ob Sie nun Ihre Selbstdarstellung schreiben, ein neues Medizintechnologie-Produkt beschreiben oder überzeugende Präsentationen erstellen: Ich bin durch meine Arbeit inzwischen überzeugt, dass man mit jedem Thema durch Schreiben dazugewinnen kann. Schreiben Sie sich in tiefere Schichten Ihrer Interessen, erschreiben Sie sich neue Aspekte Ihres Themas und beobachten Sie die Auswirkungen Ihres Schreibens so wach wie möglich. Kultivieren Sie das Schreiben als Ihr neues Denk- und Entwicklungswerkzeug, indem Sie

- so viel wie möglich selbst schreiben,
- lieber „nur" Persönliches notieren als gar nicht zu schreiben und
- Schreiben für die eigene Entwicklung auskosten.

Holen Sie alles heraus aus dem Schreiben, was möglich ist. Leben ist Lernen. Und lernen können Sie beim Schreiben besonders gut.

Und danach – wenn der Text fertig ist? Dann geht es weiter. Nach dem Schreiben kommt das Veröffentlichen. Und nach dem Veröffentlichen kommt das Reden – über Ihr Angebot, Ihren Bericht, Ihren Artikel, Ihr Buch: Daran knüpfen Sie an, darüber gehen Sie hinaus. Werben Sie für jeden Text von sich. Erwähnen Sie ihn im Kollegengespräch, beziehen Sie sich in der Diskussion darauf. Nehmen Sie ihn als Sprungbrett, um damit nach außen zu gehen, andere anzuregen und die Inspiration, die Sie selbst beim Schreiben erlebt haben, zu anderen Menschen hinzutragen.

Dank

Für dieses Buch haben mich viele Menschen auf unterschiedlichste Weise wunderbar unterstützt und weitergebracht. Ihnen allen danke ich von Herzen:

Meine Kundinnen, Kunden und Teilnehmer an Workshops und Seminaren haben mir in der gemeinsamen Arbeit ständig neue Anregungen für die Weiterentwicklung meines Konzeptes gegeben. Vertrauensvoll, zäh und begeistert blieben und bleiben sie an ihren Schreibprojekten dran – und schreiben durchweg beeindruckende Texte.

Die Autorinnen und Autoren Mihaly Csikszentmihalyi, Peter Elbow, Doris Märtin, Daniel Perrin, Gabriele Rico und Sol Stein haben mich auf dem Weg zu diesem Buch und während des Schreibens besonders angeregt, beeindruckt und begleitet; und Prof. Gerd Bräuer brachte mir das Konzept des „Schreibend Lernen" nahe.

Oliver Gorus hat mit mir zusammen mein Buchkonzept dermaßen ideenreich, ernsthaft und zielsicher entwickelt und die Buchentstehung begleitet, dass mich die Inspiration durch den gesamten Schreibprozess trug.

Der Linde Verlag hat mich durch äußerst freundliche und kooperative Zusammenarbeit unterstützt, vor allem mit Theresa Weiglhofer und Gudrun Likar für das Lektorat.

Beate Humann half mir geduldig und kompetent bei der technischen Umsetzung meiner Abbildungen.

Meine Testleserinnen und -leser haben das Manuskript in verschiedenen Stadien und aus diversen Blickwinkeln konstruktiv und engagiert kritisiert und dadurch mitgeprägt: Andrea Behnke, Sandra Fanroth, Dr. Katrin Großmann, Stefanie Kunz, Swantje Lahm, Dr. Ulrike Lange, Karen Romberg, Dr. Stefanie Rosenmüller, Dr. Signe Seiler, Sabine Strodtmann und Jörg Achim Zoll.

Mein Mann Jobst Scheuermann hat dieses Buchprojekt von Beginn an uneingeschränkt willkommen geheißen. Er und unser Sohn Leo haben mich auf unterschiedlichste Weise im gesamten Schreibprozess unterstützt.

Buzan, Tony: *Kopftraining: Anleitung zum kreativen Denken. Tests und Übungen.* Goldmann 2006.
Übungsprogramm für besseres Denken und Merken vom Erfinder der Mindmappingmethode.

Csikszentmihalyi, Mihaly: *Das Flow-Erlebnis: Jenseits von Angst und Langeweile: im Tun aufgehen.* Klett-Cotta, 10. Auflage, 2008.
Der Psychologe zeigt, wie man auch bei Alltagstätigkeiten den Zustand des Einsseins mit sich und der Welt erreichen kann.

DUDEN 9: *Richtiges und gutes Deutsch. Wörterbuch der sprachlichen Zweifelsfälle. Antwort auf grammatische und stilistische Fragen, Formulierungshilfen und Erläuterungen zum Sprachgebrauch.* Dudenverlag, 6. Auflage, 2007.
Der Geheimtipp zum Nachschlagen.

Elbow, Peter: *Writing with Power. Techniques for Mastering the Writing Process.* Oxford University Press, 2. Auflage, 1998.
Ein wunderbares Buch darüber, wie Schreiben kraftvoll wird. Nur auf Englisch.

DeMarco, Tom: *Spielräume. Projektmanagement jenseits von Burn-out, Stress und Effizienzwahn.* Hanser 2001.
Humorvoll und anschaulich erklärt Tom DeMarco, wie Projektmanagement kreativ und flexibel statt nur effizient sein kann. Übersetzt von Doris Märtin.

Gorus, Oliver/Zoll, Jörg Achim: *Erfolgreich als Sachbuchautor. Gekonnt publizieren – von der Buchidee bis zur Vermarktung.* GABAL 2006.
Die Autoren der Agentur Gorus sind persönliche Berater für Men-

schen in der Öffentlichkeit und zeigen praxisnah und motivierend alle Schritte bis zum erfolgreichen Sachbuch, Fachbuch oder Ratgeber.

Hierhold, Emil: *Sicher präsentieren – wirksamer vortragen.* Redline Wirtschaft, 7. aktualisierte Auflage, 2005.
Der Experte für Präsentationstechnik zeigt in diesem Standardwerk detailliert, was alles zu souveränem Präsentieren dazugehört.

Kabat-Zinn, Jon: Gesund durch Meditation: Das große Buch der Selbstheilung. Fischer Taschenbuch, 5. Auflage, 2006.
Der Pionier der Ganzheitsmedizin stellt sein international anerkanntes Programm zur Stressreduktion und Praxis der Achtsamkeit praxisnah vor.

Kleist, Heinrich von: *Über die allmählige Verfertigung der Gedanken beim Reden.* Kleist-Archiv Sembdner 2002 (Internetausgabe: www.kleist.org/texte).
Fünf Seiten Brief an Kleists Freund Rühle von Lilienstein. Einfach schön zu lesen.

Langer, Inghard/Schulz von Thun, Friedemann/Tausch, Reinhard: *Sich verständlich ausdrücken. Anleitungstexte, Unterrichtstexte, Vertragstexte, Gesetzestexte, Versicherungstexte, Wissenschaftstexte, weitere Textarten.* Ernst Reinhardt, 8. Auflage, 2006.
Drei Hamburger Psychologen haben dieses bekannte Trainingsprogramm für verständliche Texte entwickelt.

Levy, Mark: *Geniale Momente. Revolutionieren Sie Ihr Denken durch persönliche Aufzeichnungen.* Midas Management 2002.
Macht erneut Lust aufs Ideen-Erschreiben, wenn Sie mein Buch schon ausgelesen haben und neue Schreibmotivation brauchen.

Märtin, Doris: *Erfolgreich texten. Für Beruf und Studium. Strukturiert, wortstark, ideenreich. Über 200 Beispiele und Übungen.* Voltmedia 2005. Zurzeit vergriffen.
Die Texterin und Autorin zeigt unter anderem mit ihrem stilistischen Werkzeugkasten didaktisch und inhaltlich auf höchstem Niveau, wie man gut schreibt.

Perrin, Daniel/Rosenberger, Nicole: *Schreiben im Beruf. Wirksame Texte durch effiziente Arbeitstechnik.* Cornelsen 2005.
Der Schreibforscher und Schreibcoach Daniel Perrin stellt mit Nicole Rosenberger seine wichtigsten Schreibtechniken pragmatisch und kurzgefasst vor – immer gleich mit handfesten Beispielen.

Rico, Gabriele: *Garantiert schreiben lernen. Sprachliche Kreativität methodisch entwickeln – ein Intensivkurs auf der Grundlage der modernen Gehirnforschung.* Rowohlt Taschenbuch 2004.

Die Schreibdidaktikerin stellt das Clustering als Schreibmethode vor.

Schneider, Wolf: *Deutsch für Kenner. Die neue Stilkunde.* Piper, 3. Auflage, 2006.

Der Journalist und Stilexperte zeigt in diesem und weiteren Büchern an unzähligen Beispielen, wie guter Stil funktioniert.

Sick, Bastian: *Der Dativ ist dem Genitiv sein Tod. Ein Wegweiser durch den Irrgarten der deutschen Sprache. Die Zwiebelfisch-Kolumnen Folge 1–3 in einem Band.* Kiepenheuer & Witsch 2008.

Unterhaltsam zu lesen. Sensibilisiert für die Zweifelsfälle der deutschen Sprache.

Stein, Sol: *WritePro Business.* Zweitausendeins 2002.

Ein Übungsprogramm für die Geschäftskorrespondenz – als Software.

Stein, Sol: *Über das Schreiben.* Zweitausendeins, 10. Auflage, 2006.

Über das Schreiben von Belletristik und Sachtexten – gespickt mit der Erfahrung des Lektors und Bestsellerautors.

Arbeitshilfen aus diesem Buch wie den Schreibstreckenplaner, die Schreibtrainingspläne und farbige Plakate des Schreibprozesses können Sie von meiner Internetseite im Downloadbereich herunterladen und bei Bedarf individuell anpassen. Dort finden Sie auch weitere Informations- und Übungsmaterialien für effektives Schreiben: www.ulrike-scheuermann.de

Über die Autorin

Ulrike Scheuermann ist Diplom-Psychologin, Schreibcoach und -trainerin und Autorin. Sie ist Expertin für individuelles Schreibmanagement, Schreibdenken und gelungene Texte. Seit 1998 berät sie telefonisch und persönlich Menschen, die schreiben – vom Sachbearbeiter bis zum Geschäftsführer, vom Wissenschaftler bis zum Sachbuchautor. Die ausgebildete Schreibberaterin und -trainerin hilft ihren Kunden dabei, ihre Schreibprojekte abzuschließen, durch exzellente Texte aufzufallen und sich damit beruflich weiterzuentwickeln.

Als Dozentin für Schreiben ist sie zudem an Universitäten und Fachhochschulen tätig, u. a. für Masterstudierende zu den Themen „Schreibkrisen" und „Schreibberatung".

Zuvor war sie Mitarbeiterin in Beratungseinrichtungen für Menschen in Krisen und hat sich als Fachbuchautorin und -herausgeberin im Bereich Krisenintervention einen Namen gemacht.

Kontakt: info@ulrike-scheuermann.de
www.ulrike-scheuermann.de